做死人生意這一行

走進喪葬職人的世界，
近距離感受
生死的意義

井上理津子
鍾嘉惠 譯

目次

除了部分例外，正文中提到的年齡、頭銜、價格等皆根據採訪當時的實際狀況撰寫。

第一章　立志成為「葬儀專家」的年輕人們

走進教室，我心想「糟了」。因為我一身輕便裝扮——深藍色針織短外套，底下是水藍色長版衫配內搭褲——顯得非常不合時宜。

教室後方有座白木（僅表面刨削，未經著色、上漆的木材）靈堂，上頭裝飾著遺照和鮮花。靈堂寬兩公尺多，高度超過我的身高，就像一間小神社座落在三層台階上般沉著莊重。牆上另有兩座佛龕。教室裡還有的就是很普通的課桌椅，坐滿二十多名全部穿著筆挺黑色西裝的男、女學生。他們不僅身穿「黑色」西裝，也全都留著「黑色」的頭髮。

鈴聲響起，老師一走進教室，立刻有人喊「起立」、「敬禮」。男學生們連左右手的指尖都伸直，女學生們則雙手疊放在身前，一同深深鞠躬將近九十度。坐下後，背部依然挺直。我從後面看，發現沒有人將手肘放在桌上，也沒有半個人蹺腳。

這裡是位於神奈川縣平塚市的日本生命禮儀（Human Ceremony）專門學校。六層樓的建築物是設有禮儀師（Funeral Director）、防腐師（Embalmer）等學程的日間兩年制專科學校。禮儀師、防腐師是不是聽起來很陌生呢？此處的禮儀（Funeral）是指喪禮、葬儀、告別式的意思；防腐師是指對遺體進行修復、殺菌、防腐處理等的技術人員。此校是日本國內四間培育「葬儀專家」的專門學校之一，然而唯有此處才有開設遺體修復師學程。我參觀的是由禮儀師學程和防腐師學程一年級學生組成班級的共同授課。

一身黑色西裝的學生們的目標是進入禮儀公司工作。我以為直到近十年，殯葬業都還是普遍令人感到害怕、退避三舍的行業。這到底是一所怎樣的學校？我多少有些懷疑地踏進此處，然而，我首先就被教室裡肅穆的氣氛鎮住了。

「好，第五頁，〈腐敗的過程〉。我們先複習上一次講到的部分吧。」

語畢，「執行技巧（接待／送還）」的課程隨即展開。老師是一位看來三十多歲的男性，臉上的笑容說明了其為人良善。教材是一疊以「遺體的狀態變化與乾冰」為題的自製講義。條列式書寫的文章中有些字句被挖空並以（　）標示。

「首先來看初期腐敗。下腹部會出現一些『什麼』，是不是？」

「什麼」就是指括號的部分。「腐敗」指的是遺體的腐爛。我腦中剎時浮現的是呼吸停止變得冰冷的人體漸漸發黑、有點令人發毛的樣子。然而這兩字所包含的沉重意象和老師平靜且輕快的語調之間的對比更令我吃驚。

「知道答案嗎？就是『變色』。下腹部會開始慢慢變色。」

老師的聲音極為開朗。他在黑板寫下「變色」。字跡優美，容易辨識，看來已經寫得很習慣了。

「然後，接下來會產生什麼？沒錯，就是『腐臭味』。」說完又立刻在黑板寫下「腐臭味」。以下是一段老師簡單解釋「什麼」所指的詞彙，同時將答案寫在黑板上的上課紀錄。

「遺體內部的腐爛是毫不留情的，所以需要盡快處理。腐爛到一定程度後，微生物會在微血管等處繁殖。一旦開始腐爛就不可逆，所以最好盡快進行防腐處理。

接下來，中期腐敗，下腹部的變色會擴散到什麼部位。你們知道嗎？好，那○○來回答。」

被點到名字的學生回答「胸部」。

「對。下腹部之後，下一個開始腐爛的就是胸部。另外，腹部的什麼，這格是『腫脹化』，會開始腫脹。接著，什麼會破裂？這格的答案是？好，△△。」

然而△△答不出來。

「嗯……不知道嗎？就是血管中最細的『微血管』。要記住喔。腐敗一旦進展到中期，修復處理就變得很困難。接著的晚期腐敗階段，會出現腐爛水泡和氣泡，成為什麼露出的要因。這格的答案是，△△？」

「呃……是真皮嗎？」△△說道。

「沒錯，是真皮。表皮底下的結締組織。所以氣體就聚積在皮下組織和肌肉裡，使得全身『緊滿化』。」

我不懂黑板上寫的「緊滿」的意思，偷偷用智慧型手機查詢。

手機的辭典查不到，但「Yahoo!知識＋」的問答裡有一則這樣的記述。

「『腹部緊滿』指的是什麼？和腹部膨脹有何不同？」

「我是現職護理師，有時也會指導學生。

原本並沒有緊滿這樣的醫療術語。日文中這兩個字經常被用來表達比膨脹更甚的狀態。

腹部膨脹，即肚子胖乎乎的樣子，腹腔壁是軟的。

腹部緊滿，是肚子過度膨脹，以致皮膚緊繃的樣子，腹腔壁感覺有點硬。」

換句話說，大概就是「繃到像是快撐破」吧？

「當肌肉隨著時間過去逐漸鬆弛，嘴巴就會張開，開始排出氣體，眼睛也會凸出。然後，體液從嘴巴、鼻子一點一點滲出。我雖然已經歷過很多次，但無論經歷多少次，依然會感到難受。為避免這種情況發生，好，翻到下一頁，防止腐敗的措施……」

「嘴巴張開……眼睛也凸出」這句話在我耳裡縈繞不去。

九十分鐘的課就是這樣進行，從講解溫度和腐敗的因果關係開始，繼而詳細解釋了遺體的冷藏保存、保存藥劑、外科處置、物理性處置各自的優缺點。學生們從頭到尾都用熾熱的眼神看著老師、黑板及講義，沒聽到任何人竊竊私語。

我近年也採訪過其他大學和專科學校的課堂，但差異太大了。因為這堂課是特殊科目嗎？這所學校裡每一堂課都同樣充滿熱忱嗎？我必須再多參觀一些。於是我參觀了同一班學生和老師的另一堂課「執行技巧（室內裝飾）」。

老師發下標題為「枕直／枕飾」的講義後，開始上課。

「枕直是指依據宗教派別調整往生者躺臥姿勢。佛教式的話會是名為『什麼什麼』的臥姿，這是仿效釋迦牟尼佛涅槃的姿勢。好，這裡要填的是？」

被點名的女學生馬上回答：「ㄊㄡˊㄅㄟˇㄇㄧㄢˋㄒㄧㄧㄡˋㄒㄧㄝˊㄦˊㄨㄛˋ」。我一時想不出是哪些字，看到在黑板上寫出來，才知道是「頭北面西右脅而臥」。老師解釋，據說釋迦牟尼佛死時頭枕北方、面向西方、向右側臥，這就是一般所說的「北枕」的由來。這對我來說是頭一次聽到；對學生們來說，似乎是「複習」上一次的內容，因此做筆記順暢無礙，沒有被漢字卡住。

「枕飾的意思」、「乾冰／擦拭步驟」、「出殯時為什麼要在棺木上釘釘子」、「靈堂上的喪葬用具、牆面張掛布幕的意義」等，這堂課果然也是隨處穿插著要填入答案的「什麼」，並以平穩的語調反覆提問和回答，學生們也同樣充滿熱忱。

我漸漸習慣了這股「熱忱」。對於授課也開始覺得有其道理。

接著我又參觀了兩堂禮儀師學程二年級的「殯葬商業概論」。一堂是角色扮演課，由學生兩人一組分別扮演葬儀社員工和客戶。關鍵似乎是，接聽客戶來電，準確聽取客戶要求，並在適當時機真心誠意地安慰對方：「請節哀順變」，而年長的老師不斷提出嚴厲批評。據說這位老師有二十年以上的實務經驗。

另一堂課是橫跨兩個時段的白木靈堂組裝實習。靈堂是由十來個零件組成的形式。五人一組，分別組裝了真言宗和淨土真宗的靈堂，並布置好掛軸、遺照、牌位、鮮花和供品等。老師指出擺置地點和方向上的小錯誤，還附加一些經驗談，和介紹因宗教派別而異的僧侶搖鈴方式。學生們認真做筆記，一副不想漏掉任何一字一句的樣子。全體一起念誦般若心經（學生們都能背誦）後，結束實習。

二年級的專題討論主題是「大型葬」，由五位學生發表其歷史脈絡、與佛教派別的關係、社葬（即企業創始人和經營高層等對公司發展有功人士去世時所舉行的葬禮）的發展史等。參考資料多半來自「網路」這種現代的調查方法，但有遵循舉例、出示資料、查驗後說出自己觀點的形式。老師則以溫和的語氣講評。

另外還參觀了兩個學程一年級的一般科目「實用禮儀（Manner）」。由曾任航空公司空服員的外部女性禮儀講師來授課，從發聲練習和伸展操開始。

並提供一些準則，例如：

「愛打扮是為了自己，服裝儀容則是為了身邊的人。」

「七十到一百二十公分是讓人放心的距離。與客人隔著桌子商議事情時要坐四十五度斜對角。」

「講求時尚和服裝儀容都要從鞋子開始。錢就投資在鞋子上吧，若是花不起的人就把鞋擦亮。」

之後，大概是練習吸引人的說話技巧吧？學生將日常生活中的失敗經驗整理成三分鐘的長度，一個接一個發表。有人依循起承轉合談自己的失敗經驗，也有人先說結果再說明狀況。看得出，所有人都事先精心準備好一個故事，而非即興發表。

我寫得很冗長，但兩天下來參觀了六節課無不出乎我的意料。重述一次，身穿筆挺黑色西裝的學生們真誠聽講的態度（或是實習時動作俐落的身影），和老師們的授課熱忱引起了我的興趣，同時對於「葬禮」有各種各樣的研究方法感到嘆服。

還有一件事，大多數學生在樓梯上與我這個學校的「客人」擦身而過時，都會在我面前的台階停下向我敬禮。我在尋找要去的教室時，也有學生面帶微笑地主動詢問：「請問您要去哪裡？」並為我帶路。後生可畏。這裡的校風是「關懷」。然而我生性乖僻。不能否認「統一的」、「沒個性」、「洗腦」這類詞彙曾出現在我腦中。

據說二〇一三年入學的新生，禮儀師學程有三十三人，防腐師學程十人。二年級兩個學程合計有三十一人，男女大約各占一半。

我先聚焦在禮儀師學程的部分來書寫。根據學校的導覽手冊，兩年要繳納的學雜費總計一百八十二萬日圓（二〇一二年度，教材費另計）。繳付這筆絕不算便宜的費用來這間學校上課的學生是怎樣的一群年輕人呢？

「我想從事像他那樣的工作」

「國中一年級時參加爺爺的葬禮促使我有了這樣的念頭。爺爺住在北海道的室蘭。」二年級的庄愛子（十九歲）如此說道。她是從茅崎的家來上學的在地人。長長的黑色直髮漂亮地紮起，是位美麗、爽朗的年輕女孩。

她說祖父晚年和父親的關係似乎不太好，因此和「爺爺、奶奶」沒有聯繫，可是小時候盂蘭盆節和過年都會來來去去，於是她懷著對「慈祥爺爺」的記憶，和父母一起千里迢迢去參加葬禮。負責主持葬禮的是一位女性，用溫柔的聲音與落單的她攀談。在那人主持的過程中，她得知了父親其實是祖父與前妻所生，「祖母」和她並沒有血緣關係。

「如果是透過其他方式得知這件事，當時的我或許會很震撼。然而，聽葬儀社那位女司儀充滿感情地敘說祖父有快樂也有悲傷的一生，讓我很感動。現在回想起來，我想是多虧了她，還是孩子的我才能對祖父的一生產生共鳴。所以我十二歲就決定長大以後也要從事像她那樣的工作。」

為什麼升上國二、國三、高中後，這想法也從未動搖呢？對於這提問，她的回答是「我自己也不清楚」。她說，當她從高中老師那裡聽說有教授葬儀的學校，便覺得「那就是我要走的路」。毫不猶豫，高中畢業後立刻進入就讀。「每一堂課都坐在前排，一副『我要聽講！』的樣子。」她笑道。

我問過數人申請入學的動機，全是像她這樣，在多愁善感的年紀失去祖父母，被第一次參加的葬禮所「感動」因而入學。

德島縣出生的荒瀨惠人（二十歲）也是受到高中二年級時那場祖父的葬禮影響。大批祖父任職於鐵工廠時的朋友前來弔唁。「那讓我相信祖父受到所有人喜愛，度過美好的一生」、「出殯時，祖父喜歡的演歌一播出，我再也忍不住淚水」他說，記憶鮮明。

高中畢業時，他想在禮儀公司找到一份工作，但沒有成功。

「通常會錄用大學畢業生，對吧？」

語調溫和而平靜，這反映了他的性格。他打消了念頭，在當地販售輔具的公司工作三個月後，在電視的資訊節目上看到這所學校的報導，深深被吸引住，立刻索取學校簡章，隔年春天入學。他說，在農協服務的父母也「鼓勵」他去，儘管這是一所遠在關東的學校。這是因為他一直以來「很少表露自己的情緒」，而當時他卻說「我一定要去」，表現出強烈的意志。

「來到學校後你最慶幸的是什麼事？」我問，他沉思了一會兒後，回答：

「知道成本兩萬日圓的棺木可以賣到七、八萬日圓。」

周圍的學生都露出「你在說什麼啊」的困惑表情。荒瀨搔搔頭，嘟囔著補充道：「對不起，我不擅長說話。」

「我了解到葬儀社要做許多看不見的事。怎麼讓往生者在棺木裡安息？還有更衣、入殮等實際業務，但不僅如此，也要給予因失去自己珍愛的人而悲傷的家屬情感上的支持，我覺得這部分就是棺木成本和售價之間的差額。讓家屬感受到幾萬圓的滿足，是很了不起的工作。所以真的必須竭盡全力去做。我想我會有這樣的領悟，是因為我來到了這所學校。」

周圍學生臉上的困惑消失了。

「我實習時獲准參加一位往生者的守靈夜。是死後一個月才被人發現的孤獨死。那情況實在無法打開棺木，死時穿的衣服，包括褲子、襯衫、內衣等，都被裝進塑膠袋裡。我一聞，有股難以形容的腥味，類似餿掉的優格和乳酪混合後的味道。比我聽說的可怕好幾倍。可是我雖然無法好好說明，但我覺得葬儀社這個行業正是因為有遺體才存在。我感受到一種使命，就像是遺體在召喚我。」

是對自己接下來的話感到害羞嗎？他笑了笑說：「而且，祖父喪禮時的人和《送行者》的阿本（本木雅弘）都很有禮貌又帥氣。」

學生來自日本全國各地，有大學畢業生，也有葬儀社的繼承人。

來自靜岡縣的松井那都美（二十三歲）預計從這裡畢業後就要繼承老家的葬儀社。少女時期，她對被朋友取笑「妳家是靠別人的不幸來賺錢」的家業沒有好印象。因為擅長運動，便進入愛知縣的大學體育系就讀。儘管在長她三歲的哥哥宣布不繼承後，感覺「矛頭指向了我」，但第三代的父親（五十九歲）卻說：「就結束在我這一代也可以。」所以她不太有繼承方面的壓力，「立志要成為運動教練」，不料大學三年級時參加外祖父的葬禮，讓她的想法有了一百八十度的轉變。

「我祖父住在遠處的城鎮，葬禮是由那裡的葬儀社負責的，那是我有生以來第一次正式參加葬禮。我原本一直覺得，如果可以我根本不想參加，但結果不是那樣。我哭了又哭……一陣痛哭過後，我開始能夠面帶微笑地以『阿公，您辛苦了』的心情為他送行，是一場溫馨的葬禮。那讓我覺得葬儀社是服務業，是很棒的工作。」

老家創業百餘年的葬儀社有大約十名員工。對於成為第四代「高高在上」的年輕社長，她內心確實感到不安。大學畢業後，也考慮過先去其他葬儀社工作「受訓」，或是找一份飯店之類的工作，在廣義的服務業界學習，但父親建議她「最好去學校，更廣泛了解殯葬業的知識」，於是她進入了這所學校。

「這決定是對的。我家的葬儀社到現在還是徒手碰觸屍體，可是當在課堂上學到，大約七成的死者身上都帶有某些傳染病時，我嚇了一跳。好想盡快讓我家的葬儀社也戴手套。」她眼睛閃閃發亮地說著。

我試著問了幾位學生一些不懷好意的問題，像是「不介意穿制服嗎？」、「沒有讓你覺得『我幹嘛要學這個』的課嗎？」之類的，但這樣的問題都撲空了。

所有人都說「要是介意當初就不會來了」、「沒有一堂課是無趣的」，但我感覺不出這些回答是場面話還是真心。荒瀨說：「我每天在家預習加複習一個多小時，才勉強能跟得上課。」庄也說：「我在音樂教室的櫃台打工，也是想說，如果不是接待客人或是可以學到溝通技巧之類的，對以後的工作有幫助的工作就沒有意義。」我縮回事先準備好的問題——「你對於向來為人們回避的行業沒有反感嗎？」、「你不會害怕碰觸屍體嗎？」因為我開始覺得那些問題很愚蠢。

我採訪了全職老師。以前負責專題討論，現在擔任校務主任的米山誠一老師（三十八歲），他也是我參觀的課堂的指導老師。以及負責指導「執行技巧（接待／送還）」的石川祐老師（三十二歲）。兩人都是從SUN LIFE集團（冠婚喪祭公司）的典禮部（喪祭部門）調來的，各自累積了近十年的葬禮實務經驗。米山成為「老師」後做了十一年，石川據說是一年。

米山老師說：「每個人都有清楚的目標、遠大的抱負和熱情，讓我很訝異。」、「我當然也會納悶，學生那股熱忱是怎麼回事？怎麼會那麼年輕就立志要做葬儀社？可是，他們是真的會纏著你不放，所以我花心思設計課程好滿足他們。我很拚命的。」石川老師瞇著眼睛說。

「老實說，我很驚訝連內容很沉重的課都上得很愉快。」

當我扔出這句大實話，石川老師隨即解釋道：

「由於當中可能有些孩子的父母已去世，所以我非常小心。我會告訴學生，如果有感覺不舒服就跟我說。」他接著補充，因為他和學生之間已有「遺體非物體」這樣的共識，才能不拘小節地談論血淋淋的話題。

至於鞠躬等的言行舉止方面，進入這所學校後就會立即教導。他說，每天上課都會反覆練習，所以學得很快。在籍學生的年紀從十八歲到三十七歲，從升學率高的高中到墊底高中的畢業生都有，學習能力參差不齊，然而最重要的是「熱忱」。他說，起點是什麼沒有差別。

禮儀師技能審查

雖然離題，我還是問了米山老師和石川老師「為什麼會進入殯葬業」。

「我念私立大學的經濟學部，在沒什麼特別想從事的行業之下進入了求職期。當時找工作非常困難，房地產、貨運等私立學校文組能去的公司，我一個個都去應徵。於是，我漸漸明白自己想從事與人接觸的工作，碰巧發現『冠婚喪祭』的SUN LIFE在徵人。雖然不太懂，但感覺『協助辦理哀傷的儀式』似乎比飯店等更可以跟人深入接觸。所以我在完全不清楚實際工作是什麼的情況下進入這家公司。」（米山老師）

「也許這一切都從我小學時看水木茂的《鬼太郎》開始。起初是對什麼是妖怪？什麼是迷信？感到好奇，國中之後開始對民俗學感興趣。什麼是結婚的禮儀、喪葬的禮儀？什麼是釋迦牟尼佛的教誨？我讀HIROSACHIYA大師的《阿闍世王物語》，也熟讀《日本靈異記》、《今昔物語集》。我漸漸明白許多禮儀都源自佛教口傳故事，大學便去讀佛教學科。不過，我好像玩了四年（笑）。找工作時我鎖定殯葬和相關的行業，所以腦袋就一直往這方面去考慮。我還應徵了佛龕店的工作，但我最早收到的錄取通知來自SUN LIFE，這就是緣分。」（石川老師）

米山老師說，受訓兩個月後的第一份工作令他「大為震撼」。學長要他「一起去醫院接人！」於是他陪同前去，見到的是「一具躺在銀色解剖檯上的赤裸屍體」。那是一具解剖後的屍體。他整個腿軟，問：「這也是葬儀社的工作嗎？」他邊看邊學，在縫合的傷口上貼OK繃，用綿花塞嘴巴、耳朵、鼻子、肛門以防體液流出，穿上衣服。

通常是上午八點上班，晚上八、九點守靈結束後下班。值夜班的情況也不少，工作時間「長得可怕」，而且剛進公司還是菜鳥時「老是挨罵」。外場（如辦在寺院或自己家的喪禮等，需要在戶外搭棚的現場）又多，所以很辛苦，以至於「阿姨為慶祝我找到工作，在百貨公司買的一雙要價三萬多的進口皮鞋，三個月就壞了」。

而另一方面，石川老師起初對覆在遺體上的乾冰又冷又重「感到震驚」，不久他注意到一位學長在放乾冰時會輕輕把手放在遺體和乾冰之間。了解到這麼做是為了不讓遺屬覺得「讓死者感到冷」而心疼，於是自己也開始照著做。他說，雖然「學長們很嚴格，連呼吸都擔心被罵」，但很快就開始感覺到「即便是這樣的我，只要努力工作就能讓客戶開心。做這行是一種福氣」。

「這工作沒辦法定計畫。進入這家公司後不久，我就作為副手協助主責的學長；三個月後一個沒班的日子，我正好去新潟縣的溫泉區玩，接到公司來電：『你負責諮詢的案主去世了。你要不要接這個（作為你的第一件）案子？』、『我要、我要，請讓我承辦這個案子』，然後就趕緊飆車回來。」

「不合適的人很快就會離開，合適的人就很合」、「葬禮沒有那種完美無缺、一百分滿分的。這是一份深奧又有趣的工作，你總是會去想，如果再多一點○○，會讓人更加欣慰」，兩人一致這麼說。

聽到我說「就像兩位這樣，這是一個『熟悉勝於學習』的行業對吧？課堂的情景令我很訝異」，石川老師指著教室後方的白木靈堂：

「比方說，像是這個靈堂。」

「您知道怎麼稱呼這種燈嗎？」

「不知道。」

「它叫六燈，六盞燈的六燈。佛教中認為人死後會投胎轉世去天道、人道、修羅道、畜生道、餓鬼道、地獄道，稱為六道，就是照亮這六道的燈。以前，一部分也是因為火力的關係，人們會在晚上火化屍體，早上撿骨。所以是晚上送葬。由送葬隊伍最前面的人拿著，照亮夜晚漆黑的道路。這種燈就是受到此習俗的影響。」

「是這樣啊？我完全不曉得。」

「那，這個呢？」

米山老師接著考我在上層遺照旁邊，像是白色耶誕樹的紙藝品。

「不曉得。」

「那是ㄙˋㄏㄨㄚˊㄏㄨㄚ。」

「什麼？」

「四種華麗的華，花草的花，四華花。用宣紙包裹竹籤，然後側邊剪成細細的一條一條。它源自釋迦牟尼佛去世時沙羅樹因悲傷而變白的故事，象徵去世的人入涅槃。以前是由近親手持四支走在送葬行列中。」

「送葬行列……」

「靈堂的裝飾全都源自送葬行列。粗略地說，由於交通狀況等因素，大正到昭和初期，送葬行列消失，轉而開始舉行現在這種形式的葬禮。所以說現在的葬禮形式在日本的歷史長河中只有九十年左右。靈堂就是送葬行列的省略版，是一種改良後的形式。近年流行花祭壇，但在了解這類靈堂起源的情況下從事喪葬，和在不了解的情況下依樣畫葫蘆地從事喪葬，確實會有一些差異。」

不僅「熟悉勝於學習」，還需要理論。這是對先前的提問很有說服力的回答。石川老師還教了我另一件很重要的事。

「最近的喪禮，遺照是主要焦點，但靈堂的本尊其實是掛軸。」（本尊：佛教術語。指被供奉、信仰、禮拜的對象。又稱本師、本佛。）

我再次仔細看了看教室裡的靈堂，這才發現遺照上方掛著一幅「南無釋迦牟尼佛」的掛軸。據說這代表「皈依釋迦牟尼佛」的意思，釋迦牟尼佛是曹洞宗的本佛。

「喪禮往往被認為是列席參加者向死去的人告別的場合，然而佛教喪禮的本意是祈求死去的人能被送往佛陀的世界，也就是本尊的世界。」

他說，喪禮的主角是僧侶。充當僧侶和遺屬之間的橋梁同時陪伴遺屬，就是殯葬業者的工作，所以既需要知識也需要實際技能。

因此，二〇〇〇年創校以來建置出的禮儀師學程課程內容如下：

◆專業科目

葬儀概論、接案技巧（海外）、執行技巧（司儀、室內裝飾、接待、遣送）、殯葬商業總論、宗教與葬儀、悲傷扶持（Grief Support）、財務規劃、花藝設計、遺體化妝、喪祭科學概論、公共衛生、微生物學

◆一般科目

實用禮儀、待客實務、商務能力、商務文書、禮儀文化、會計學、電腦實習、穿衣、色彩協調、基礎英語會話、國際社會概論

週一到週五，早上到傍晚排滿四節九十分鐘的課。據說還會到葬儀會館實習。

「本校二年級的九月就可以去報考禮儀師技能審查二級測驗。去年通過的比率是九十六．三％。我們實務現場出身的人，個個都是靠自學取得這項證照；但在學校，就是全面支持同學準備考試。擁有二級執照並保送進入全國各地的禮儀公司是禮儀師學程

的『賣點』。」（米山老師）

我想一般大眾對這項證照的認知度並不高。當然，沒有證照也能做，但近年業界一直有耳語：「沒事先考取的話會矮人一截。」即通過厚生勞動省認證的「禮儀師技能審查」的「禮儀師執照」。（不過，我採訪過的資深殯葬業者中，也有人說：「幹嘛還特地去考！我有經驗又有實力，根本沒必要。」）

考試內容包括有關宗教禮儀、民法、社會環境、行政程序、公共衛生、遺屬心理等的筆試，以及布幕裝飾、接待和司儀實務。一九九六年舉辦第一屆測驗以來，到二〇一三年的現在，一、二級合計有兩萬五千五百零三人考取證照。據說，這所學校的學生可免除「二級」報考資格中「兩年以上實務經驗」的要求。

二〇〇八年大受歡迎並獲得奧斯卡最佳外語片的電影《送行者》雖然提升了殯葬業的能見度，但如各位所知，這行不乏不透明、貪婪之類的話題。二〇一〇年出版的《不需要葬禮》（島田裕巳著，幻冬舍新書）成為暢銷書也令人記憶猶新。簡樸的葬禮或不辦葬禮直接火化的「直葬」逐漸增多；另一方面，人們對於生死觀和「終活」（即為迎接人生終點做準備）的討論也愈來愈多。在宗教意識逐漸淡薄中，也常常聽到葬禮到底是為逝者舉行，還是為被留下的人舉行這一類的爭論。

在如此背景之下，有著這樣的證照考試，和這樣的一所學校。

空襲那一天

這所學校是如何創立的呢？我被告知這件事要直接問理事長，於是和理事長竹內惠司（七十七歲）會面。

「我自己的經歷是這一切的源頭。我十歲時失去母親，但出於某種原因，始終無法接受母親的死。長大後，哥哥過世時，我已能好好地為他送行。還有一個是，一九八九年我去考察了美國和加拿大的喪葬情況。這三個經歷讓我無論如何都想在日本創立一所喪葬學校……。」

竹內理事長名片上的頭銜是SUN LIFE的代表取締役會長。SUN LIFE是一間JASDAQ（東京證交所負責營運的股票證券市場，是日本歷史最悠久的以新興企業為主的市場）的上市公司，除了先前提到的冠婚喪祭事業之外，還經營飯店、養老院、托兒所等。此外，這所學校及資訊與福祉專門學校隸屬於另一個法人。我並不是想聽商人一生的傳記，但可以想見學校不是一朝一夕建成。

「說來話長，您時間方便嗎？」居然有上市公司的老闆這樣問我，這還是頭一次。眼鏡後方露出溫柔的眼神，給人的印象是個體格壯碩、為人敦厚的紳士。

「我出生在世田谷的奧澤，戰爭期間，和比我年長一點的哥哥、姊姊一起疏散到母親位在前橋的娘家。戰爭結束前的八月五日，我們的房子在前橋大空襲中全部燒毀，我們好不容易逃出防空洞得救了，但染患結核病的母親卻去世。」

故事就這樣展開。

原本在東京日日新聞（現在的每日新聞）當記者的父親，當時被陸軍指派到新加坡擔任軍事行政長官。被遺棄在一片焦土中的竹內先生「眼前只求能吃點東西、喝點水，找個容身之處」，輾轉在同學和老師家留宿多日，最後和哥哥一起被赤城山腳下的遠房親戚家收留。他得知母親的死訊是在戰敗的兩天後。

空襲那天，母親在前橋的醫院住院中。火舌逼近，她被人用擔架扛出，但無處逃生，只好跳進河裡。浸泡在夏天依舊冰冷的河水裡成了致命傷。從當晚開始，她的身體迅速衰弱，並導致死亡。伯父和伯母不忍心將如此悲慘的情狀告訴孩子，只說：「你母親過世了。」

「由於空襲造成眾多人死亡，當時未能舉辦喪禮。所以我並沒有見到『死去的母親』。過了大約一個月後，他們讓我看存放在寺廟裡的骨灰罐，祖母跟我說『這是你母親的骨灰』，可是我沒有半點現實感，一時之間無法相信。或者該說是不願意相信。後來很長一段時間我一直覺得那是騙人的，母親現在依然活著，在某個地方活著。我想，這世上最大的不幸，莫過於無法實際感受到母親的離世。」

遠在岡山縣的親戚家也收留過他。父親終於從戰場回來，一年後回到前橋，卻被剝奪公職。一家人或是借住寺廟，或是暫住在學校五公里外的市營住宅，繼續過著有一餐沒一餐的貧困生活。

「由於孤單和生活的艱辛，我的內心變得很複雜，一直懷疑母親是否真的離世，同時又埋怨母親，覺得要是母親在的話，生活就不會這麼艱難了。甚至當我經過母親墳墓所在的寺廟前時也只是路過，絕不會駐足停留。

我終於意識到不該埋怨母親是在一九六六年，她二十三週年忌日的時候。我從母親臨終時人在現場的阿姨（母親的妹妹）那裡得知，母親彌留之際仍然囈語似地不斷說著：『惠司就拜託妳了，敏郎（哥哥）就拜託妳了。』還聽說，因棺木趕製不及，阿姨和外婆用推車費了數個小時將遺體送去火葬場，我想像母親比我痛苦幾百倍，於是像被大石頭砸中頭一般大受衝擊。

我這才覺得自己長久以來的埋怨很對不起母親。因為未能舉辦葬禮，也沒見到遺體，導致我很長一段時間無法接受母親的過世……。」

長達二十多年來一直對母親的過世耿耿於懷。母親二十三週年忌日時，竹內先生三十歲，而當時的他已進入殯葬業——是這樣的一段生命故事。

高中夜校畢業後，他「為了從事不愁吃穿、需要專業證照的工作」，進入群馬縣立診療X光技師養成所（現在的群馬縣立縣民健康科學大學）就讀，並通過國家考試，成為醫事放射師。後來在群馬大學醫學部附屬醫院服務，卻決定搬到平塚，這一切始於一九五九年受同一家醫院教授的請託。教授說平塚一家小醫院在徵技師：「基於人情，我希望你能去面試一下。你也可以拒絕，我完全不會介意。」

面試中有急診病患被送進來，對方突然請他幫忙。他盡全力協助後，那天晚上對方不停問他：「你拍的照片很清晰，真是幫了大忙。能明天開始來上班嗎？」他拒絕不了，後來便在過去未有任何淵源的平塚扎了根。據他說，他在那家醫院獲得「與醫師同額」的高薪保障，工作忙碌，經常住在醫院裡。

四年後，一名因車禍被送進來的傷患對他非常中意。問他：「你願意娶我女兒並幫忙我的工作嗎？」他掙扎很久，最後決定成為竹內家的養子，繼承平塚市內一家小佛龕店和葬儀社。

「從『請您保重』變成『請您節哀』（笑）。我在放射線技師的學校時做過人體解剖，因為工作的關係，在醫院也處理過非常多瀕臨死亡和死去的人，所以我並不害怕屍體，已經習慣了。可是，我沒有任何先備知識就跳進這一行。車禍後行動不便的岳父說『就照你的意思做你想做的事』，不干涉我。所以我就低頭去請教其他同業、寺廟和地區的長老們。」

地方頭人、喪主和寺廟間的權力關係、擺設、燒香順序、布施習俗……他在理解喪禮現狀的同時，另一方面也開始認為最好採取「符合家屬意願」的彈性做法，例如：喪主也可以是死者最親近的人，而不一定要遵照習俗由長男擔任；可以由葬儀社去與地方有權有勢的人協調事情，而不透過頭人。回顧過往，他認為自己之所以能將這些付諸實踐，是因為能「從外行人的角度看事情」。

「我意識到遺屬、頭人和僧侶雖然各有各的立場，但尊重逝者的心情並沒有不同。不再能說話的逝者想要什麼？我們必須聆聽並從中理解。我曾想過，要是這人能說話就好了。」

大約在同一時期，戰時戰後和他一起嘗盡辛酸的哥哥，因現在所說的病態建築症候群驟逝，他親身經歷了作為「遺屬」的感受。

「我哥在群馬縣政府工作，並娶同事為妻，就在他的新居剛落成的時候。我接到緊急狀況趕過去，一整晚都陪在我哥身邊。我哥的身體愈來愈冰冷。我真切感受到，啊，他再也不能說話了。這和母親去世時差很多，我能夠面對死亡的現實。我嫂嫂當時懷有身孕，我代替她治喪，主持葬禮。那場葬禮讓我有個感想，人一旦死去，肉體便消失。不過，死去的人會繼續活在家屬的心裡，並散發出能量，要家屬『堅強地活下去』。家屬就是在這股能量的保護下繼續活在世上，」

他說，前面提到他接受母親的死亡就是這感想的延伸。他開始能這麼想——很遺憾媽媽過世時自己未能在場。不過，儘管看不到她，在那之後媽媽一直陪著我。媽媽就在我身邊，並給予我能量——。

他向我展示耗時二十年親自執筆、自費出版的書《母親給我的禮物》。這是一本長達兩百六十四頁的大作，書中訪談了母親一方的所有親屬，並收錄了母親包括生前照片在內（甚至有就讀幼稚園、小學、高中時期的照片）三十三年來的人生。可惜，我很難說他文筆很好，但正因如此，更能感受到書中滿含竹內先生所說的「我不寫出來，母親不會瞑目」、「母親雖然去世，卻讓我活了下來」的多年內心感受。

竹內先生突如其來地問正在翻閱那本書的我：

「對了，井上小姐聽過村八分這句話嗎？」

「就是以前鄰居之間的排擠行為嗎？」

「嗯，沒錯。以前地方社會有十件事會互相幫助，如生產、成年禮、照顧病人等，並規定對於破壞某些規則的家庭處以斷絕往來的制裁。不過，十件事中有兩件事（二分）是允許的。妳覺得這兩件事是什麼？」

事實上這是我第一次知道八分是十分之八的意思，但就連我也馬上想到了。

「是喪禮嗎？」

竹內先生微微一笑。

「沒錯。就是喪禮和火災。大家約定好，當有人死亡和火災發生時，即便是被村八分的家庭，也要提供援助。這是因為火勢如果蔓延會釀成災難；而對死者放任不管的話，可能也會衍生公共衛生的問題。人死後便不再被排擠，大家一起幫忙送他上路，日本社會的本質還是溫暖的。這也是為了那些被留下來的人。」

我覺得竹內先生想說的是，接受親近的人去世就是對被留下的人活著的肯定。若要匆匆總結，大概就是「臨終之際最重要的是最後的告別」，以及「葬禮很重要」吧。

坐著告別

竹內先生自岳父手中繼承的佛龕販售和葬儀社，一九六五年從自營業改制為資本額一百萬日圓的股份制公司。竹內先生雖然認為殯葬是一份美好且意義深遠的工作，但招不到人手的事實，說明了當時殯葬業的社會地位。

「因為招不到人，有一段時期，我承接從少年輔育院假釋出來的未成年人觀護工作，用他們補足人力。可是，他們不但三、四個月就不見人影，還帶走原來的員工。當時很苦惱。」

不過，他靠著當地私立大學體育部的教練提供工讀學生度過了難關，加上「從不拒絕任何事」的作風收到了效果，「如果案主找我商量想改建往生者生前的房間，我就幫他介紹建築方面的專家；或是聽到要舉辦法會，我就介紹可供眾人一起用餐的店家。」殯葬事業從此步上軌道，並在這樣的發展下，廣泛進軍一般所說的「人生里程碑產業」。一九七三年興建結婚禮堂，一九八〇年興建附設結婚禮堂的飯店……。「我們把這個社會需要的事情當作事業的核心來發展。」不過，這一段成功的故事這裡省略不談。促使他創辦喪葬學校的，是這第三段的人生經歷。

「一九八九年我去美國實地考察，讓我茅塞頓開。在日本，人們都說很重視祖先，但無法接受一點不正經。我覺得美國的喪禮更遵照死者的意願。在Funeral Home（殯儀館），葬儀社的人會問死者家屬『您希望存放遺體的房間掛什麼樣的畫？』、『往生者會喜歡哪種圖樣的餐具？』。待客之道不是千篇一律。我認為這是社會對逝者的態度，而不會說這是不同宗教的問題。

詢問之下得知，美國葬儀社的人居然都受過專業教育，擁有州級或國家級的『禮儀師』執照。甚至有四年制的喪葬大學，而且擁有執照的人似乎具有和醫師、律師同等的社會地位。當時我才因為聽到我們一位員工說『不敢告訴別人自己從事這種工作，所以不能去參加孩子的親師會』而大感震驚，我心想這差距是怎麼回事。要消除人們對殯葬業的偏見，並讓工作人員對工作感到自豪，我認為像美國的證照制度必不可少。」

同一時期，他與一個在推動「某些證照」的業界組織合作，向厚生省（當時）遊說，但得到冷冰冰的答覆：「即使是末期病患，只要還活著都是我們的管轄範圍，但去世的人不歸我們管。」既然如此，他於是提議設置喪禮會場「布幔張掛」等實用技能考試，以及由勞動省認證的「技能審查制度」。「技能審查」是鐮倉雕技師（主辦單位是神奈川縣）、管理印刷營業士（主辦單位是全日本印刷工業同業公會聯合會）、混凝土等切割鑽孔技士（主辦單位是鑽石工事業合作社）等的認證考試。

經過上述與國家交涉的漫長過程，由勞動省認證的「禮儀師」證照制度於一九九六年誕生，二〇〇〇年開辦學校。開辦後一直到第四、第五屆，不斷有學生本人想入學，卻因為家長反對而放棄，不過他說現在這樣的情況已減少了。

「在美國考察另一件讓我有如武士看到蒸汽船般驚訝的事，就是經過防腐處理的遺體。在我參觀的喪禮會場上，逝者穿西裝戴眼鏡，威嚴地坐在有椅背的椅子上，就像還活著一樣。而且，我目睹了前來參加喪禮的人一一與逝者握手告別：『謝謝你』、『請好好安息』的情景。我心裡一陣感動，覺得逝者和遺屬多麼幸福啊。」

咦？防腐處理過的遺體，可以這樣做嗎？對於不可置信的我，竹內先生露出著急的表情說：「可以的。確實有這樣的技術。只要有某個名人願意『坐著告別』，我想就能普及，可惜還沒走到那一步。」

不過他說，「雖然還沒走到那一步，但已經有躺著且做過防腐處理的遺體」。前文提到日本人間禮儀專門學校設有國內唯一的防腐師學程，繼禮儀師學程後於二〇〇五年設置的這個學程也是竹內先生的夙願。

據說，防腐處理之所以普及起來，是因為美國南北戰爭（一八六一～六五年）時需要將戰亡士兵的遺體長距離運回家屬身邊的緣故。竹內先生說，現在，美國和加拿大有七成以上，北歐和英國也有六成以上的遺體會做防腐處理。通常被譯為「屍體防腐處理」

或「遺體保存技術」。簡單說，就是在屍體的某部位切開一個小口，將防腐液注入動脈，並讓血液從靜脈排出，藉此延緩屍體腐敗的速度。除此之外，還會進行遺體修復，如將臉部受損部位恢復原狀等，使容貌看起來與生前極為相似。

「可預防體液自遺體滲漏出因而引起傳染病」、「讓遺體看起來不再可怕，以生前美好的樣貌與人告別」，我從別家有在做防腐處理的葬儀社那裡聽到這樣的好處。另一方面，也從一些中小型葬儀社的人口中聽到「在日本，死亡後到火化只有兩、三天的時間，沒有特別需要」這樣的意見。

「我們公司二〇〇五年開始做防腐處理，目前一半以上的客人會做，但就全國來說，還不到百分之二。大約兩萬一千具。一旦超過百分之五，我相信認知度就會迅速提升。」（竹內先生）

而防腐處理的費用，以SUN LIFE來說，含搬運費在內據說是十二萬日圓，沒有我想像的那麼貴。

在竹內先生的協助下，SUN LIFE裡設有一九九四年由醫學家、新聞記者、殯葬業者等成立的日本遺體衛生保全協會（IFSA，二〇〇九年起改制為一般社團法人）的辦公室。IFSA是一個旨在推廣遺體保存技術及在日本妥善施行的團體（之後會在第四章中詳述）。舉辦學科和實用技能考試，通過認證的防腐師輩出，並與日本人間禮儀專門學校的防腐師學程有直接關聯。前文已提到這所人間禮儀專門學校是唯一一所培養防腐師的學校，其背後有著這樣的經過和熱情。

我採訪了在竹內先生斡旋下成立的防腐師學程的學生。

「國一那年的一月，兒時玩伴去世；國二的六月，小學時的導師去世，於是我開始思索死亡到底是什麼。兒時玩伴是死於車禍，身體似乎嚴重受損，他的家人要我們『不要去喪禮』，我聽到非常震驚。老師則死於胃癌，我當然有去喪禮，可是棺木中的老師變得非常瘦小，頭髮也掉光，簡直判若兩人。有種超越了悲傷或不忍的情緒，不知道這是誰的葬禮的感覺。我心想，人死後就不會有任何人來幫你了。後來我在圖書館的書上得知防腐師這個行業，國二那年的十二月便決定要成為防腐師。」

一年級的藤本恭子（二十二歲）這麼說。她從私立大學體育健康政策學部畢業後便進入這所學校就讀，是宮崎縣人。據她說，高中時當她表示「想讀這所學校」時，經營加油站的父親（五十七歲）嫌「不體面」而不同意，但後來讓步，說：「如果大學畢業後仍然沒有改變心意的話就可以。」

「事實上，我找不到適當時機，一次都還沒去那位兒時玩伴的墳前祭拜過。打算等我考取防腐師執照時再去。」

她表示，雖然很慶幸自己有上大學，但在這所學校裡，她對課堂投入的熱情和過往完全不同。「例如化學很難，所以我會認真預習和複習。」

土屋友理奈（二十四歲）則是因為「對白袍的憧憬」，小學時就立志要從事醫療方面的工作。高中時喜歡上生物，尤其是微生物的領域，大學念理學部，後來成為臨床檢驗師。在醫院服務兩年。

「醫師治療病患的身體。護理師照顧心理。那臨床檢驗師呢？我這麼問自己。當然，這是很重要的工作，但不知道是不是沒有直接接觸病患的關係，會覺得『我做這工作是為了我自己』，因而開始覺得有些東西不一樣了。如果是為了自己那就算了，我想為了別人而做。」

我忍不住誇她，真了不起。

「就在那個時候，一位醫師朋友告訴我防腐師這樣的工作，說：『醫師的工作是在病患還活著的時候救他們，但也有工作是在救助死去之後的人喔。』儘管另一位朋友質疑：結果還不是過幾天就會火化，那讓死去的人恢復原狀有這麼大的意義嗎？但無論如何，我覺得這是我想為別人提供的技術，所以就想先去學，至於能不能做下去，等學了之後再考慮也不遲。」

寺田啟太（二十三歲）是鹿兒島縣種子島上一間葬儀社的子嗣。同樣是大學畢業後，在川崎的葬儀社工作一年後入學。

「起初我對防腐處理的看法很負面。認為太多人為成分，可能會看起來不自然。不過我所服務的公司設立了防腐室後，我看到處理過的往生者後很感動。我會以為他像睡著了一樣，如果是這樣，我想就會是很好的告別。大約同一時期，有位丈夫上吊自殺的客人——約六十歲左右，她情緒激動，親吻了遺體，那是經過防腐處理的往生者。我當時擔心會有傳染病。其實做過防腐處理，根本不用擔心⋯⋯。聽說以後遺體防腐的需求會增加，但防腐師很少，所以我就想說，那我來做吧。」

三人異口同聲都說，將來想找一份防腐師兼禮儀師的工作。

我原先以為禮儀師學程的學生「很穩重」，但防腐師學程的學生可能更在他們之上。

但無論如何，居然有這麼多人因為小小年紀經歷過親近的人死去而產生進入殯葬行業的動機。

防腐師學程一年級有半年是喪祭學（和禮儀師學程一樣的葬儀概論、宗教與葬儀、悲傷扶持等）及遺體衛生保全（由醫師們講授公共衛生、脈管解剖學、病理學等）的講座課程，之後到合作的屍體防腐處理設施，包括SUN LIFE在內，累積實習經驗。然後在畢業前接受由「IFSA認證的督導」擔任考官的IFSA資格認證考試（包含實用技能）。

淡淡一抹微笑

那麼，防腐的實際作業是什麼樣子呢？

畢業後進入SUN LIFE防腐事業部工作的防腐師稻部雅宏（三十三歲）向我說明：

「首先是將全身洗淨，消毒表面，然後洗頭髮，剃除鬍鬚和汗毛，修整面容。接著從十五種左右的防腐液中，依據遺體的狀況、皮膚的顏色，挑選三、四種來調合。用手術刀在鎖骨下方切開一個小洞，從那裡用管子將調合液注入動脈。那壓力會讓血液排出靜脈……。」但我還是不太明白。

「這不是魔法所以並非萬能，但防腐液會經由微血管循環到全身。並滲透到皮膚深處，所以施做後會變得很漂亮，讓人分辨不出來。」雖然聽他這麼說，但我無法想像「那種漂亮」。

我一這麼說，IFSA事務局長加藤裕二（四十六歲）立刻問我：「妳沒問題嗎？」這話是在問我看到屍體會不會覺得不舒服。

「當然。」

於是，他讓我看取得家屬同意做成教材的「前後對照」的臉部照片。

據說是「以倒臥的姿勢死去，經過很久才被發現」的男性，原本嚴重瘀血，整張臉發紫，之後皮膚變得紅潤有光澤。

原本嘴巴張開、舌頭伸出、臉色蒼白的女性，變得嘴巴合攏，膚色看起來很健康，並露出淡淡一抹微笑。

據說是「跳樓自殺，臉部先著地」的男性，解剖後草草縫合，導致頭部看來凹凸不平，讓人看了心疼。但「使用一種特殊的蠟來修復」後，凹凹凸凸完全不見了。

這些全是「施做後」改變劇烈，以至於無法想像「施做前」的樣子。不過，照片並沒有傳達出真實的觸感。於是我請他「讓我看做過防腐處理的遺體」，但未被接受，說是因為「隱私問題」。

不料，三週後，這樣的機會來了。SUN LIFE的員工，同時也是禮儀師學程畢業生的門松美緒子（四十二歲）出任務時，經家屬同意後，我可以同行，而那天要處理的就是經過防腐處理的遺體。

門松女士告訴一開始就拋出「為什麼從事這份工作？」、「為什麼選擇這所學校？」試圖引導她談話的我：

「七年前，我丈夫突然去世。早上起床之前，突然失去知覺……。因為要驗屍，被送往監察醫院，回來時已是一身白衣躺在棺木中。我心想，這怎麼可能！喪禮上我一直想著必須照顧還在念小學三年級和一年級的孩子，我很感激當時葬儀社的人陪著完全無法入睡的我，各方面都待我如親人。於是我開始會想，我也要從事這樣的工作。可是有一段時間，我的精神狀態實在無法工作，就在網路上搜尋葬儀或學習之類的關鍵字，於是找到這所學校。」

「我在學校遇到一位很棒的老師。這位老師在昭和天皇駕崩時，聽到電視台的播報員使用『遺體搬運』的說法，立刻抗議『又不是東西』。上入殮課時，當我說想做很多次累積經驗，立刻被罵：『對家屬來說這是只有一次的儀式。不要談次數！』事實上，這位老師當時有病在身，在我們升二年級的春天去世，可是他教導的每一件事，現在對我來說都非常有用。」

我搭乘門松女士駕駛的輕型廂型車一同前往位在平塚市內的喪家。途中頻頻接到公司打來聯繫相關事務的電話，從她俐落的交談情景，我不敢相信直到七年前她還是個家庭主婦。

我們一到達喪家，門松女士便深深行禮，說：「請節哀順變。」接著走進逝者所在的房間，再次向躺在墊被上的逝者雙手合十表示哀悼。

逝者是位九十二歲的男性。前一天做過防腐處理才回家。SUN LIFE採取分工制，所以門松女士這天下午將負責進行「湯灌」和「入殮」。然後由一位男同事用廂型車載到殯儀館。之後，再負責傍晚六點展開的「守靈儀式」和隔天的告別式。

經過防腐處理的逝者躺在喪家一樓和室的墊被上，身穿淺綠色襯衫和深灰色長褲。

乍看還以為是活著的人。膚色紅潤，簡直像剛洗好澡一樣。彷彿能聽見呼吸聲。

「可以請大家到這邊來嗎？」

門松女士對包括太太、兒子在內的九位親屬說。

「現在起，我們要進行已故〇〇先生的湯灌儀式。這會需要一些時間，請各位盤腿而坐。一般認為，湯灌是撫慰今生疲勞的沐浴，也是為來世的誕生而沐浴。原本應該要像真正的泡澡那樣，但現在請各位誠心誠意地用毛巾擦拭……。」

儀式進行得很流暢。我原本擔心「湯灌儀式」會不會很誇張，不過，所謂的儀式就是用臉盆準備一盆「逆水」（用和平常相反的程序，「先裝冷水再加熱水」來調整水溫），家人和親屬依序用毛巾擦拭逝者的手，同時對逝者說「辛苦了」、「謝謝」，我覺得滿好的。

事後我問門松女士，她才告訴我公司只有規定基本動作，說明方式和措辭用語都是她當場評估逝者的狀況和家人的氣氛後，再靈活做調整。整套儀式結束後，開始入殮。從車上將棺木抬出時，看得出門松女士小心翼翼地避免踩到院子裡的草地，在屋內則避免踩到榻榻米的邊緣。

入殮並不像電影《送行者》劇情中那樣的「優美」。她開口問：「各位，能不能幫我一點忙？」請家屬幫忙握住床單的四個角。兒子說了一句「頭比較重耶」之類的，過程很祥和。

明明剛剛才「加入這群人之中」，但在我看來，門松女士就像是這個家的一分子。

「阿公現在穿著一身漂亮的服裝，所以我把『旅行要穿的衣服』放進棺木裡。」

門松女士將經帷子（逝者所穿的白底淨衣，衣上印有經文，又稱經衣）、腰帶、綁腿等擺在逝者旁邊，接著說明：「一般說這是三途河的渡河費，也有人說是給六地藏的香油錢。」將六文錢的冥紙裝入頭陀袋（隨身的麻布袋。雲遊僧人所背的袋子），放進棺木。

「這是最後一次在家裡告別。請大家盡情跟阿公說說話。」

家人紛紛走近逝者，摸摸他的額頭、臉頰，說著「真的好像睡著了」、「這臉真漂亮」、「阿公可能正做著美夢」之類的，並講起記憶中發生過的事。

我見到的第一具經過防腐處理的遺體，有著比我之前聽到的更加「平靜的臉」。眼睛、嘴巴雖然都閉著，但我會以為他在笑。也許，覺得他的姿態輕鬆自在也不是我主觀的認定。

後來，我有個機會能用手碰觸另一具經過防腐處理的遺體。同樣是一位年長男性的遺體。

雖然溫度低於我的體溫，但一點也不覺得冰冷。手臂還有彈性，和握住一個活著且健康的人的手臂感覺沒有什麼不同。尤其是臉上的氣色，感覺不錯。一點也不像「人偶」，而是一個「有生命、會呼吸的人」。我甚至覺得如果叫他的名字，他可能會睜開眼睛回話。

竹內先生當初以日本人間禮儀專門學校作為踏板所要追求的就是這種情況嗎？我不得不完全心服口服。

第二章　各種殯葬業者的工作

二〇一三年六月十八日，我去參觀了在橫濱港未來21「橫濱國際平和會議場」開辦的「Funeral Business Fair 2013」。前文已提到，「Funeral」在英語中指的是葬禮、喪葬儀式、告別式。換句話說，此為殯葬業的商品展覽會。

儘管家族葬（只有親屬參加，謝絕外人參加的葬禮）等不用花費的葬禮變多，但是包括回禮、交通、餐飲費用在內的殯葬業市場規模，據說有一兆六千億日圓。兩萬平方公尺、日本最大的貿易展覽場裡擠滿從全國各地為尋找「創新靈感」而來的禮儀公司人員。大致上，六成是男性，四成女性。年齡分布也很廣，從二十多歲到可能七十多歲的都有。

共有一百四十八家企業參展。若要舉出我所看到的廠商，有遺照相框和ＬＥＤ面板、喪禮場地預約系統、看板和名牌的製作軟體、喪禮服裝租借、喪禮場地工作人員的制服、禮品茶、靈堂鮮花設計、喪禮場地用的家具、蠟燭、線香……。確實有些物品不論喪禮規模大小都需要，而不少參展廠商讓外行人也能同意這些部分一直在進步中。我在展場裡參觀時，發現一個我認為格外出色的攤位。那是個類似以現代方式詮釋遺屬普遍「心情」的展示。

以「既然是日本人，臨終時就應該在榻榻米上」的文案，展示一款鋪在棺木內遺體下方的「榻榻米」。對於還活著的我們來說，榻榻米當然比木板睡起來舒服。雖然人死後沒有睡起來舒不舒服的問題，但這戳中了不這麼認為的遺屬的心情。據說這款榻榻米使用了大量天然藺草等的天然原料，火化後不會有任何殘餘。

一旁還陳列一款「骨灰吊墜」，廣告文案是「擴展年輕一代的市場」。由於是用特殊樹脂將骨灰融入墜子中，外觀和精美吊墜沒什麼兩樣。據說這是一種將骨灰隨身攜帶的「新祈福形式」，名為「手元供養」。

「與往生者人生相符的棺木提案」，用橡木、樫木或柚木等高級木材接合成、有著美麗條紋圖案的豪華棺木吸引了我的注意。角落裡播放音樂，穿著五顏六色「佛衣」（死者裝束）的男女模特兒在那裡上演了一場時裝秀。

這樣說可能有點輕率，當中我覺得最「有趣」的是靈車展示和現場表演湯灌。

會場上展示的靈車是一輛造型優美的銀灰色高級轎車，四周圍滿了人。不用說，當然是進口車。外觀一點也不像靈車，側面的窗框被設計成流線型。參展企業名稱是

SECURICO公司（東京都港區）。海報上寫著：「展覽會參展紀念特惠價廠商建議　售價2280000日圓→1980000日圓　僅限前3名」。我忍不住去數有幾個「0」，好不容易才理解是一千九百八十萬日圓。據說是賓士的新型靈車「EURO ELEGANCE DUO」。我問：

「坐起來感覺不一樣嗎？」

「穩定度完全不同。」

他打開後車廂門讓我參觀內部。正中央有台擔架，左右兩側和天花板都有皮革包覆。「放置棺木的底下部分是強化玻璃。萬一（體液等）溢出來，迅速一抹即可徹底去除，完全沒有異味，這部分也不同以往。而且照明是LED燈。」他如此為我介紹。

「這是由義大利新銳設計師設計，德國梅賽德斯認證車廠製造。對於坐慣高級轎車的人，就是要用高級轎車來送行，這樣的時代已經到來……」

一旁的女士問，擔架上下車的方式與傳統靈車不同嗎？

「按下按鈕，軌道就會慢慢升起滑出。女性也能輕鬆操作。這跟傳統的『西洋型』截然不同，被稱為『第三代』。」

以前被裝飾得有如載著一座神社的靈車是「宮型」，現在主流的黑色加長型靈車被稱為「西洋型」。如果宮型是第一代，西洋型是第二代，這個的確就是第三代。不過，我懷疑這麼貴的車賣得出去嗎？（商展結束後詢問的結果，據說已接到幾家禮儀公司和進口車經銷商的詢問，正在洽商中。）

另一方面，湯灌的現場表演則是在會場中央舉行。由關懷服務公司（Care Service，東京都大田區）演出，扮演逝者的年輕男性蓋著白色浴巾躺在浴缸裡。負責主持的男性面帶微笑拿著麥克風站在一旁。

「在我們國家有為死去的人淨身的傳統儀式。不僅僅是洗滌，據說可以淨化死者在這世上留下的痛苦煩憂，以及今生的煩惱，是一項高度靈性的習俗。我們將透過這個湯灌儀式，誠摯地幫助各位細細體會死亡的重量和生命的可貴，讓告別往生者的儀式更加難忘。」

工作人員並說明，熱水是利用車載式鍋爐加熱，溫度設定夏季是三十八度，冬季四十二度。遵照「逆行」習俗，葬儀相關事宜以相反程序進行，從「御足」清潔到肩部。現場聚集了三十多名「觀眾」。

湯灌示範開始。右手拿毛巾、左手握蓮蓬頭的女性工作人員彎下腰清洗扮演逝者的男性左腳，接著洗右腳，然後放熱水。接著，她把手伸進逝者身上蓋的白色浴巾裡，從下半身往上半身洗。另一位男性工作人員在逝者的頭部旁，全神貫注地洗頭髮。扮演逝者的男性一直閉著眼睛。進行到「有沒有人可以幫忙，代家屬為往生者擦臉？」的環節時，前方一位看得很投入的年輕女性舉手，上前幫忙。

「我想，可能有朋友會擔心，在往生者身上潑熱水沒問題嗎？我們公司在開始湯灌之前，會花二、三十分鐘的時間處理往生者的身體。例如：將嘴巴闔上，讓針頭、導管拆除後的痕跡止血。因為溫度上升後比較容易出血，所以要止血。也會處理住院期間造成的褥瘡痕跡。藉由這一類處理讓湯灌可以進行……」

主持人講話非常謹慎禮貌。

「洗完頭髮後先用毛巾擦乾，再用吹風機吹乾。往生者現在看起來清清爽爽了是吧？家屬們會感到非常欣慰。」

十多分鐘就完成了。不知道是不是太順利了，我感覺其實沒有太多「技術」；不，大概是因為這位示範的模特兒是活人吧。我想，面對一具僵硬的屍體要像這樣洗，精神上也會很有壓力吧。我聽到兩個一直在背後觀看、看起來像葬儀社員工的男子說：「（樣子）看起來不錯耶。」、「做到這種程度的話就比較好收（費用）了吧。」

我拿了一份關懷服務公司的簡介手冊。這是一家發展到宅沐浴服務、高齡者住宅、輔具租借等長照事業，同時在以首都圈為主的地區擁有二十個「天使關懷辦公室」，也就是湯灌服務據點的公司。

「我們公司是從到宅沐浴服務起家，在長照保險制度建立以前開始做湯灌。一九九〇年代社長常跑各地的醫院，看到遺體被當作『臭不可聞必須掩蓋之物』對待，因為無法視而不見而成了契機。雖然也要看醫院，不過當時住院期間一個月只洗兩、三次澡。死亡後糞便漏出、衣物也弄髒，就這樣放入棺木，蓋上蓋子。他覺得（死者）太可憐了，至少臨終前讓人舒舒服服洗個澡。」

發簡介的人這麼告訴我。

殯葬商業展覽會是由發行殯葬業雜誌《殯葬商業月刊》的SOGO UNICOM公司（東京都中央區）主辦，始於雜誌創刊的一九九六年；二〇一三年是第十七屆，參展企業一百四十八家，比前一年多十九家。兩天來的參觀人數據說比前一年略增一萬五百五十七人。我採訪了《殯葬商業月刊》總編輯吉岡真一（四十九歲），請教今年的特色。

「以前，會場上會展示白木靈堂，很醒目，一看就知道是這個業界的商品展覽會，現在『殯葬色彩』一年比一年減退。這一屆，乍看就知道與殯葬有關的頂多就是湯灌、靈車和佛衣，不是嗎？因為跨足資訊科技領域的服務系統攤位變多了。」

所謂「跨足資訊科技領域的服務系統」是指，提出以iPad取代紙本手冊、以電子看板取代室內、外看板等方案的攤位。我不太感興趣所以未駐足停留，但確實很多。當我問到這一類展覽反映出近年殯葬業何種趨勢時，吉岡先生舉「事前諮詢」增加為例。

「有能力提出其他附加價值的服務建議，對禮儀公司來說愈來愈重要。」

靈堂、棺木、壽衣、遺照、葬禮感謝信、回禮、骨灰罐……。選擇愈多，愈容易滿足每個人的願望。他表示，有些遺屬希望減少開支，但同時也有些遺屬願意為此付出一定的代價。為了回應各種各樣的需求，服務日趨多樣化。

「起初說『火化就好』的人，當你傾聽他真實的願望時，會發現他其實是『想好好跟親近的人告別』，於是改為家族葬，這種情況很多。」

「這是題外話。」吉岡先生說，接著解釋有關最近「直葬（不舉行葬禮直接火化）」的問題。家人不在，只有葬儀社去醫院接遺體的情況愈來愈多。這時遺屬會在火葬場首次見到遺體，然而經常有家屬遇上塞車而無法在火化開始前趕到。他說，這種時候，有些葬儀社沒等家屬到達就將遺體火化，因而引發客訴。火化開始時間本來就有彈性，但卻有業者優先考慮效率。「殯葬工作理應是服務業的極致。」吉岡先生沉聲這麼說。

他接著說道：「同時也是專業職人。」自九〇年代後半開始，辦在殯儀館的喪禮變多，將沉重的靈堂搬進私人住宅之類的「體力勞動」減少，使得女性從業人員增加，大學畢業生也變多。有大型企業，也有家族經營的工作室；還出現仲介式的葬儀社，僅在有工作時招集人員，籌措必要物品並負責執行。但無論如何，吉岡先生指出，在很短的時間內聽取客戶意願，磨合調整，迅速準備並舉行葬禮，這就是「專業職人的工作」。

「九〇年代《殯葬商業月刊》創刊當時，許多葬儀社對『商業』一詞很排斥。並遭到批評，說：『我們做這事不是為了生意，是用「心」在做的』。」

不期然地聽到這番話，讓我再次確認一件事。我想了解的，是這群既為服務業又是專業職人，而且沒有「決心」做不來，在「死亡」周邊的專業工作者，他們的工作情景、所思所想及面貌。

不全是「漂亮的遺體」

多年來，我一直在訪談在葬儀社工作的人。如果直接向公司提出採訪申請，除了大公司，大抵都會被拒絕，所以書中寫到的都是個人自行決定接受採訪的人。如果把人分為關心和不關心殯葬商業展覽會的兩類，那就是後者。

豐島區目白二丁目。當我不請自來造訪明治通上某大樓的一樓、掛著「葬禮諮詢」招牌的「公營社目白店」時，一週有兩天在此待命的齋藤亮夫（七十三歲）正好在店裡。看來做工精細的襯衫、沒有打領帶。穿著時髦，長相神似某位「黑鴨子」（一九六〇年代成立的男聲合唱團）的團員。

「我想採訪社區裡的小葬儀社。」我說明來意，他立刻說：

「雖然辦公室很小，但公營社的總公司在新宿區，是間獲得《鑽石週刊》評選為都內第三大的禮儀公司唷。名稱有『公』字，是戰時企業整合留下的名稱。」戰時企業整合，是指戰爭期間根據國家總動員法進行的企業強制合併。葬儀社也適用。

齋藤先生雖然表明：「我只是受人所託，兩年前開始在這裡看店，應該不是妳想採訪的對象。」但他自我介紹說：「我姑且也是葬儀社的小孩。」因為「百般不願」繼承家業，所以一直在私人企業上班直到退休。「不過，四十多年前我曾在葬儀社工作過兩年。籠統稱之為葬儀社，但感覺和現在相差甚遠，如果妳不介意，我們就來談談當時的情況吧。」他說，答應受訪。

「不知道是因為做死人生意的關係？或是在關西地區，這行業往往被視為受歧視部落居民的謀生方式？我以前一直對身為葬儀社家的兒子感到自卑，雖然現在再怎麼去想也不會有答案了。」

小時候只要考試考高分就會被揶揄「明明就只是個葬儀社的」，這句話一直縈繞在他耳裡。「明明就只是個〇〇」這樣的鄙視不僅限於葬儀社。不過，聽到附近魚販家的女兒進入私立女中名校就讀，告訴別人「我父親的工作是會說『歡迎來看看』然後賣魚給客人的唷」，「我心想，不對，我實在說不出口自己家是從事哪一行的。」他說。

高中時代，他盡量避免帶朋友回家，拚命隱瞞家人的工作。大學時代，他自認無法和高學歷女性結婚，因而避談戀愛。

「現在雖然沒有人會公然歧視，但我相信心裡面還是有。前幾天，我有個機會見到小學同學的哥哥，我說：『我會在辦公室，有空來玩』，結果他說：『我才不去咧，不吉利』……。」

齋藤先生的故事可以追溯到昭和初期，祖父從櫪木縣來到東京。當時祖父擁有汽車駕照，經營一家一圓計程車行（即行駛於大都市、收費一律一圓的計程車），後來應當地一位有頭有臉的人請求，共同經營一家靈車公司。爾後，父親在昭和十幾年創辦了葬儀社。一九四〇年出生的齋藤先生開始懂事時正值戰爭期間。他說，還記得童年時，東京大空襲將一切夷為平地，他幫忙母親用推車將全套喪葬用品送到客人家中。

父親的葬儀社在齋藤先生念小學時瀕臨破產，因而併入公營社旗下。他「很討厭」當時掛著「花與葬儀」招牌、有著黑白兩色布幕和庫存棺木的那個家。齋藤先生從一流大學畢業後，進入一般企業工作。從這裡開始進入他四十多年前「做了兩年葬儀社」的前史部分。

一九七〇年，他在包括父親在內的公營社管理階層懇求下，轉換跑道進入公營社，從事第一線的工作。那年齋藤先生三十歲。

「都是一些非常辛苦的工作。」

我說，希望能具體說明一下，結果齋藤先生抽象地回我：

「文組的人無法好好看屍體一眼，連一分鐘都不行，這不是很正常嗎？」

接著再三叮囑：

「如果我說出來，讓妳和現在的狀況混淆的話，那就麻煩了。請務必當作四十幾年前的故事來聽。」然後才講述他當時的體驗。

「我現在想到的，是一個不知道是不是喝醉酒後泡澡，結果死在浴缸裡、像被滾燙的熱水煮過的女子。為了驗屍，得把她抬出浴缸才行……」

水面浮了一層類似肉類溶解後的褐色油脂，有那麼一剎那，他覺得跟在熬中式高湯時一樣。有股刺鼻的惡臭。比腐敗的魚還臭上幾十倍。他衝出房間「吐了好幾次」。刑警要把屍體抬出浴缸，一拉頭髮立刻整個脫落。「我實在看不下去。」他說。

「還有一個例子我也忘不了。我們去新宿警察局的太平間接遺體，是一名自殺身亡的年輕女子。我聽警察說，女子從北海道來工作，被黑道騙去當脫衣舞孃，為此感到痛苦，因而上吊自殺。」

「看起來就是鄉下人的父親和姊姊」從北海道來，而他卻不知道該跟兩人說什麼。驗完屍後要火化，火葬場來了十名左右的黑道分子。

「火化過程中，他們在等候室前面賭博，把百圓硬幣弄得噹啷響，還發出笑聲。我忍不住想知道，那名女子和那些黑道分子怎麼會變成這樣的。」

他還進一步談到，看到司法解剖後的遺體覺得「毛骨悚然」。據他說，當時法醫是用電鋸鋸開遺體的腹部。

「而且不知道為什麼，年輕女性的遺體是從陰部開始鋸。當時還有個刑警先仔細看了看陰部後，幸災樂禍說：『這個相當操喔。』還問我：『你也要看嗎？』取出內臟後，把報紙或弄髒的白袍揉成一團塞進腹部，再大致縫合……。如果不是司法相驗的解剖，負責解剖的醫生還會叫葬儀社的人幫忙。我如果把屍體想成人會做不下去。所以我都想成是物體。」

實在難以想像。這不是我們一般想像只是舉行守靈儀式和告別式的葬儀社工作。

「這工作實在不是我這種人能繼續做下去的。」齋藤先生黯然追述往事，接著再次提醒「這畢竟是四十多年前的事了」。他也主持過守靈和告別式，但對「看喪家的門柱和玄關，估算能從這家人撈到多少錢」這種不明確的收費制度感到厭煩，加上一位在火葬場奉茶、與母親同輩的女性跟他說：「這不是一個念到大學畢業的人該做的工作。」因此他做了兩年就辭職。

「現在如果有客人打電話進來，我會問他：『想辦什麼形式的葬禮，在哪裡辦？』幫他介紹最便宜的做法，並轉介給銷售人員。」

「不過，我現在就只負責顧店。在這裡待上一天也不會有太多洽詢電話，訪客也很少。有空就看書。」齋藤先生這麼說，隨即從書桌的抽屜取出口袋書。

如今，葬儀社的人依舊在如此怵目驚心的現場工作嗎？

聽了四十多年前從事殯葬工作的人，講述死在浴缸裡的人屍體之慘烈、司法解剖的令人不忍卒睹後，我實在很驚訝——當聽到我這樣說，高橋朋弘（四十二歲）以平靜的語氣回答我：

「畢竟我們處理的不全是漂亮的遺體。」

他是文京區本鄉金子商店公司的職員，進入殯葬業十九年，一直在第一線工作。

「我們也常常會接到警方聯絡，去高級公寓接運自殺後感覺經過一段時間的遺體，那氣味真是不得了。類似餿掉的豆皮壽司，又像是鮒壽司（將鯽魚醃漬發酵做成的壽司，帶有強烈的異味。是日本滋賀縣著名的鄉土料理）的氣味，如果我們把抽風機的窗戶打開一點點，三十公尺外都聞得到。」

我問，會難聞到令人想吐嗎？

「對。會吐到整個胃清空。那氣味也會刺痛眼睛，讓人流眼淚。電影《送行者》中有一幕是遺體上有成群的蛆，但才不是那樣。整個房間到處都是蛆，嗡嗡嗡地作響，得用吸塵器一邊除蟲一邊推進，清出一條『路』才能到達遺體。我能忍受滿滿都是蛆的景象，但不論我親臨多少次這樣的現場，都無法忍受那氣味。」

那是我一時之間很難想像的世界。

高橋先生說，將腐爛的屍體運送到警局的太平間原本是警方的工作，但為了獲得警方轉介工作，由葬儀社提供服務是業界的常識。

據說屍體在棄置狀態下很快就會長蛆。產卵期間因季節而異，從半天到一天，幼蟲期大約七天，蛹期約四天；產卵後大約十二天長為成蟲，壽命約一個月。這之間會產卵四、五次，一次大約產下五十到一百五十顆卵。

「這種情況會目測死掉的蛆數量，從產卵到羽化轉了幾回來推算出死亡的時間。」

我邊聽邊想像一個人穿著鞋子走進滿是蛆的房間，啟動吸塵器迅速吸除蛆的樣子，但怎麼就是無法將那模樣和高橋先生聯想在一起。因為眼前的高橋先生講話的語氣和手勢，看起來就是一個連蟲都殺不了的人。圓圓的臉，有點豐腴，像補習班的老師，講話很和善。

「我前不久有位案主是個男性畫家。獨自死在囤滿垃圾的房間裡。因為頭上有些白髮，估計大概五十出頭吧？房間裡有幅未完成的油畫，我猜想各種情況，比如他可能臨到死前還握著畫筆。

如果以贏家、輸家來說，那位應該算輸家吧。但他擁有很棒的天分，可能是碰巧不走運才會走到這一步。要成為贏家必須使點詐不是嗎？站在遺體前我不禁猜想，這人肯定從來不使詐，始終純真無邪。所以我才會更想為沒錢的人努力做點事。」

「感覺就是活動產業」

我在網路上找到本鄉金子商店的網站，因而被深深打動，進而促成這次與高橋先生的會面。

「我們是堅持收費清楚透明的葬儀社」的廣告詞和套裝方案介紹等，與其他公司沒有不同。公司沿革雖然引起我的興趣，上面記載這家公司起源於一八八八年第一代社長開辦的「祭祀用品供應業務」，但這類記述也不只這間公司有。不過，首頁放上包括社長在內的五名員工的大頭照就很少見了。

收費資訊中有段文字：「我們不是做志工。我們時時思考在適當的利潤下怎麼做可以讓顧客滿意」，我對「適當的利潤」很有共鳴。那也是理所當然，因為我已厭倦了葬儀社網站首頁寫滿諸如「令人感動的」、「全心全意」、「低價」等的美麗辭藻。

在〈葬儀須知〉處寫著：「我們的喪葬禮儀和其他公司不同」。除了介紹佛教、神道、基督教各自的歷史脈絡，簡單展示各個宗教的葬禮規矩之外，還記述了無宗教信仰和只有火葬的方法。我才為此感到意外，沒想到網站上還針對〈以前的守靈〉和〈現在的守靈〉的差異列出雙方的優缺點。

「希望往生者平安的心情不會受服裝影響。哀悼者的服裝不一定要黑色。」

「不必花錢請葬儀社處理提交死亡證明這樣簡單的手續。」

網站上並記載著諸如上述的誠實看法，我心想，這家葬儀社真有想法。而負責製作網站的就是高橋先生。

「因為我是理組，又喜歡製作網站。我只是一名普通職員。」他輕描淡寫地說，但絕對是對這個行業有獨到見解的人。於是我問了他的經歷。

福島縣出生。「泡沫破裂後」從日本大學理工學部物理學科畢業。原本想在家鄉一所高中當老師，但門戶狹窄。他一面準備教師招聘考試，一面在東京都內打工。

「我在資訊雜誌上找到一家殯葬人力派遣公司的工作。只需要工作幾個小時，當時一天大約一萬兩千圓，一個月至少十三萬，多的話有四十萬。因為是特殊工作，所以薪水高。」

對於所謂的「特殊工作」沒有感到任何抗拒嗎？

「完全沒有耶。我很適應。」

高橋先生立即回答。

「當時我感覺這就是活動產業。被派去葬儀社幫忙搬運、組裝靈堂，或是接待。隨著次數增多，我開始會負責向遺屬說明或主持儀式，也開始有葬儀社指名要我去。派遣公司的夥伴中有演員、音樂家，還有存到錢就出國旅行、類似四海為家的浪遊者。他們都很有趣，我還記得他們會邀我晚上一起去玩樂，很開心。不久，我就忘了教師招聘考試（笑）。」

不過，因為當時的葬禮以白木靈堂為主，必須搬運若干個十公斤、二十公斤重的零組件，他很快就弄傷了腰。加上他開始認為派遣公司這群快樂的夥伴「當演員、音樂家不成功才會待在這裡」，覺得「再這樣繼續做派遣工，自己也會與社會大眾的價值觀脫節」。據他說，就在那個時候（十年前），他被經常指名他的本鄉金子商店挖角，成為正式職員。

「說來慚愧，我是在成為正式職員後才決心當個專業的殯葬工作者。」

原先語調輕快的高橋先生接著字斟句酌似地緩緩這麼說：

「從此以後我才開始感到『害怕』。」

他說，屍體本身一點也不可怕。可是，每當他面對屍體，就會被「我最終也會變成這樣。我也必須死去」的想法所困。對自己會死的恐懼。自己一旦死去就不存在了嗎？有死後的世界嗎？

為了尋找答案，他把《佛教思想》（角川書店）十二卷全部讀完，並廣泛閱讀每一本宗教書籍。釋迦牟尼的教誨、佛教傳來的過程、如何閱讀經典、宗派間的差異、寺請制度（江戶幕府設置的宗教統制制度。規定平民必須在寺院登記證明自己是佛教徒，不是基督教徒）……。為了閱讀經典，他還自學如何辨識梵文。

他從中明白了什麼呢？

「由於人們對死亡有著根本的恐懼，才會有宗教。而且，學術的佛教和喪葬佛教是不同的，這是否意味著我還是喜歡這個行業？我想用自己的語言回答人們諸如『戒名是必要的嗎？』、『淨化鹽是什麼？』、『和尚為什麼被稱為師父？』等的疑問。我想讓自己的領會有更厚實的基礎，因此我現在仍然持續閱讀宗教書籍。」

「高橋先生對哪個宗派有共鳴呢？」我試著問他。

「感覺跟我很合的是淨土真宗。就是親鸞超凡的教誨。」

惡人正機說、他力本願、以「法名」取代戒名。聽到淨土真宗、親鸞，我腦中立刻浮現的就只有這些，很慚愧。

「法名冠『釋』字是為了表示你已成為釋迦牟尼佛的弟子。惡人，也就是眾生，死去後立刻得到阿彌陀佛的慈悲救度。所謂成佛……。探究到最後，會發現其實根本不需要葬禮。」

「您剛才提到『學術的佛教和喪葬佛教是不同的』。」

「是的。這樣的根本思維，和葬禮中念誦的〈正信偈〉其實不是佛經，以及其中的含意，這些師父們連在葬禮上都不會說，對吧？」

佛經是由弟子記下的釋迦牟尼佛的語錄，而〈正信偈〉不是。他告訴我，那是親鸞所寫的七言漢詩，全文共六十行，一百二十句，內容講述真宗的歷史和親鸞對阿彌陀佛的讚佩。

「淨土真宗的僧侶平常不告訴人們這些應當說的事，而堅持葬禮上『不需要淨化鹽』這種枝微末節是不是？淨化鹽早已深植江戶人心中，我想他們很難接受不需要這種說法。」

他更進一步說：「我很喜歡曹洞宗。」因為道元提倡「不帶任何開悟或靜心目的，只是靜坐（坐禪）很珍貴」。不過，他很遺憾地說，這一類教義「完全沒有體現在現代的葬禮中」。

「在愈來愈多人不清楚自己家是什麼宗派的情況下，我個人認為，喪葬佛教就喪葬佛教，只要師父能簡單明瞭地說明葬體上在進行的事就行了。」

高橋先生在向自己負責的逝者合十時，會有種「很抱歉是由我來主持您人生最後的儀式」的心情。但同時也心想「就當作搭上一艘大船，請把一切交給我吧」，他吞吞吐吐地這麼說。我很沒禮貌地問他薪水多少。

「實拿三十八萬日圓。」

本鄉是個有許多小房子和商店的舊街區。據說，多半都是包套費用六十三萬日圓、三十人規模的家族葬。如果被問到「布施要包多少好呢？」，他會向寺方詢問金額再轉達。寺方回覆「隨意」的話，他會告知對方東京的行情是含戒名費六、七十萬日圓。

「我個人覺得，如果是非都會區只要二、三十萬，東京太貴了。」

高橋先生不會向遺屬推薦昂貴的鮮花、棺木、骨灰罐、湯灌和防腐處理。

突然想起一首詩

場景轉換到大阪。「請談談您所負責的葬禮中令人難忘的例子。」面對我這樣的請求，堀井久利（三十八歲）「嗯——」了一聲，抱起雙臂閉上眼睛。

「那是名嬰兒。」

他沉默良久之後才說出這句。

「剛出生一週的女嬰的葬禮。本來葬儀社的人不能太多管閒事，但那是我唯一一次抑制不住，就做了……。」

他回憶，那是一對年輕夫妻的第一個孩子，約三十人左右的近親參加那場葬禮。會場哭成一團。父母一味地放聲大哭。

在僧侶誦經之前葬禮都照常進行，但堀井先生覺得「對嬰兒不適合燒香」。由於燒香是為了淨化追悼者的身心，在大部分人肯定都是第一次見到嬰兒的情況下，有種在他們和嬰兒之間築起一道牆的感覺。

他找上司商量，上司提議：「不燒香，改用鮮花表達哀悼如何？」但要向喪家提出又有所顧忌，他心想，只好事後再徵得他們同意了，便斷然採取行動。他把壓克力盆盛滿水放在燒香台上，給每一位追悼者一朵紅色或粉色的石斛蘭，鼓勵他們「請撕下花瓣放入水中」。

「我當然知道佛教認為香的煙會帶領『亡者』的靈魂到天上，我個人也很喜歡。但說到理論、道理是否絕對要遵從？我不認為。水面飄滿石斛蘭花瓣的那一次，由我自己說雖然不太合適，但我認為那是一場真誠的葬禮。」

他的另類之舉不僅如此。鮮花弔唁結束後，到了主祭者應當說幾句話的時候，父親和母親都離不開棺木，一直落淚注視著嬰孩，父親的狀態無法致詞。他明白葬儀社的人不能做超出自己本分的事。通常這時會說「感謝各位蒞臨。我謹代表主祭者向各位致上謝意」來結束這個環節，然而，「我腦中突然浮現一首『詩』。」

「話語之神降臨到我身邊，就像是脫口而出的感覺。我無法記得每一字每一句，但內容大概類似這樣：『今天各位聚集在此為了確認一件事。確認○○的確是我們家族中的一員。〇〇受到大家的喜愛，卻匆匆離開人世。請對〇〇表示敬意。從今而後，請感覺〇〇在空中、在夢中，並在心裡與〇〇一同活下去。』我說著說著漸漸無法抑制內心湧上的情感，自己也哭了起來，抽搭著講完結尾。葬禮承辦人是不能哭的，但我的心情就像自家人一樣。」

堀井先生在大阪市住吉區的日新喪祭公司工作了十年，頂著跟出家人一樣的光頭。我們閒聊過幾次，他總是面帶微笑，有時說出一些讓人吃驚的話。

「昨晚夢見我在讀一本叫《人際關係漢字論》的書。書裡說人有兩種，部首的人、和偏旁的人。假如A是『三點水』、B是『青』，兩人合起來就是『清潔』的『清』對吧？如果組合起來可以變成一個漢字，就表示兩人很相配。」

「人體中水分的比率是六〇~七〇%，人燃燒後就變成氣體，升上天空化為雲。雲會變成水降落下來，如此反覆，人就像是不存在一樣。」

「我們說『生與死』，但那界線很模糊，並不是對立的概念。即使肉體消失，但只要那人還在人們的心中，他就會繼續存在。」

他在小嬰兒葬禮上念出來的「詩」，就是這種「堀井語錄」的極致吧。我想，正因為他身在殯葬的第一線，才會脫口而出那些蘊含人生哲理的話語。

「還發生過這樣的事。」堀井先生告訴我另一個家庭的例子。

他負責過一名猝死的三歲小男孩。

「父母深受打擊，卻『因為有虐待嫌疑』被送去司法解剖，很殘酷。」

他和孩子的父親一同去監察醫院接那個小孩，到了現場卻呆立不動。「我第一次見到解剖後的小孩。縫合痕跡讓人看著都心痛，覺得好可憐……。」回家的車上，他請那名父親抱著小男孩。

在家裡，他準備了一只較大的棺木，請家人在裡面放滿玩具。五歲的姊姊顫抖著肩膀連自己的玩具也要放進去的樣子，讓人忍不住跟著落淚。葬禮結束，準備蓋上棺木時，母親哭喊著「不要、不要」，硬是拉出棺木裡的男孩擁入懷裡，不肯放開。他說，那光景也深深印在他腦海中。

「雖然遭受如此深沉而巨大的悲傷，但人很堅強。不論再怎麼深沉的悲傷，人都有能力重新站起來。」

怎麼說呢？五年後，他接到當時那位母親「這次也希望由堀井先生負責」的請託，處理阿姨的葬禮，因而再次見到那家人。姊姊已升上小學四年級，次子也出生，眼前就是一個熱鬧的家庭。他相信那家人已克服那深沉的悲傷。

「我覺得我們葬儀社就像一把『傘』，一把為遺屬撐起的傘。陷入深沉悲傷的家庭最終讓悲傷告一段落回歸日常，這時便不再需要傘，把傘忘在電車上剛剛好。」

誠然是名言。堀井先生總是能客觀地看待自身的行業。

堀井先生明明比我年輕許多，我卻忍不住覺得他比我年長。是因為他經歷過生命中的酸甜苦辣嗎？他為什麼會做葬儀社呢？

據說他生長在單親家庭。因脊椎側彎住院的哥哥醫療費用增加，使得家境貧困。母親陪哥哥住院經常不在家，雖然會留較多的零用錢在家裡，但他很寂寞。耶誕夜裡一個人走在熱鬧的商店街上，想買隻烤雞，店裡的人問他：「少年仔，今天要跟家人一起慶祝耶誕節嗎？」他握緊口袋裡的零錢，打腫臉充胖子說：「嗯，對呀。給我兩隻。」他永遠忘不了自己一個人邊哭邊吃兩隻烤雞的情景。他說，他當時以為「只要有錢就能治好哥哥的病」。小學時他的綽號是「守財奴」，朋友們無心這麼叫他，他從不回應，並在作文上寫下「人生最重要的就是錢」。

人究竟為什麼活在世上？為了什麼而活著？他基於這種青春期特有的想法而進入高野山大學就讀，但他對「密宗竟然是一堂課」感到排斥，半年便輟學，去當建築工人，成為現在所說的打工族。

他繼續抱著「人生最重要的就是錢」的想法，努力節儉儲蓄。

「二十一歲時我存到三百萬圓。然而，當我望著尾數有好幾個零的存摺，心裡感到非常空虛。我想要的是錢嗎？有錢我就會快樂嗎？如果繼續這樣存下去，大概三十歲就能存到一千萬吧。可是，這樣就可以了嗎？我自問自答。不對吧？我意識到錢明明只是獲得幸福的工具，而我卻誤以為它等於幸福。」

二十一歲的堀井先生把一切生活用品塞進車裡，出發去流浪。他從敦賀（福井縣）搭渡輪到小樽，環北海道一周。然後走陸路從東北到甲信越、北陸各地，繞本州一圈回到大阪已是一年後。並以徒步方式繞行四國各地的佛寺朝聖，之後又飛去沖繩。

「我在沖繩碰巧看到報紙登出『尾形一成、獨角戲競賽』的消息。很直覺地反應，我要參加（笑）。」

兩週後，他在金澤舉辦的大賽中登場，贏得冠軍。

「我不禁覺得自己很有天分。」

他來到東京，住進中野的公寓，成為東京為數眾多的「戲劇青年」之一。做過搬家工人、快遞收件員、計程車司機、汽車組裝工廠的季節性員工等各種各樣的工作賺取生活費，並參加試鏡、接演一些小角色。二十五歲時自己成立「一人劇團」，還在澀谷「JAN JAN」（小劇場）演出過。夢想會破滅，是因為他被最後一份工作的汽車組裝廠解雇，「變得難以維生」的關係，並在二十六歲時重回大阪。

三個月後，他把流浪中認識的一位北九州的女孩邀來大阪，兩人說好要結婚。「我必須找到一份正職工作才行。」會到日新喪祭上班則是因為朋友介紹，他爽快地說。「尋找自我的流浪之旅和演員訓練，可能都是在為成為殯葬工作者鋪路。」我一這麼說，堀井先生隨即苦笑道：「請別說得這麼好聽。」接著又繼續這麼說：

「很抱歉，我剛才說是朋友介紹我來公司，但正確來說，是我母親介紹的。我去流浪、去東京多年，連過年都沒有回家所以不曉得，我母親不知何時開始在我們葬儀社做行政庶務。」

那時他去職安（公共職業安定所的簡稱，即政府經營的職業介紹所）也找不到想做的工作，前途一片黑暗。母親慫恿他「不如和我們社長談談」，於是去了辦公室，沒預料到第二天就會開始在此工作。他對社長訴苦：「我馬上就要結婚了，卻找不到想做的工作，現在走投無路。」

「結果社長問我：『堀井，你知道婚姻生活最重要的是什麼嗎？』我心想這人會說出什麼呢？沒想到他說：『是錢。一旦沒有錢，夫妻之間就會發生不必要的爭吵。工作不是根據喜好而做的事，而是為了維持生活而做的事。要來我們這裡做嗎？』如果他只是說『我們有徵人喔』，我不認為我會自願想在葬儀社工作，但社長說的工作觀讓我覺得『確實啊』，馬上被說服，並喜歡上社長，所以立刻請他讓我明天去上班。」

堀井先生似乎非常中意「工作不是根據喜好而做的事，而是為了維持生活而做的事」這句話，重複了三次，然後說：「殯葬工作是非常嚴酷的行業。我不知被前輩罵過多少次白痴呆瓜廢物，可是只要認真起來，即使是不喜歡的工作，做著做著也會慢慢穩定下來並開始喜歡，可以成為一個『專業工作者』。」

他遇過很多令人目瞪口呆「怎麼會變成這樣」的情況，例如：當場突然展開財產繼承爭奪的葬禮，周遭親友對妻子隱瞞丈夫是在與情婦出遊途中過世的葬禮等。有時他會裝作沒看見，有時也會介入調解。彷彿濃縮了專業者的自信和自豪，「不論任何情況都要讓葬禮順利進行，讓家屬送別亡者，這是我們葬儀社的使命。」堀井先生肯定地說。

「不論你是否留下大量遺產，更確切地說，不論你是否有社會地位，最近我開始相信，一旦死去，所有人都平等。」

平等，這讓我想到本鄉金子商店的高橋先生說，宣揚「任何人死後都能成佛」的淨土真宗「跟我很合」。於是我問堀井先生：「您喜歡淨土真宗嗎？」我急切想問，因而問得過於簡略，不料他不假思索地說：

「淨土真宗有十個派別吧？淨土真宗本願寺派、真宗大谷派、高田派、佛光寺派、興正派、木邊派、出雲路派、誠照寺派、三門徒派、山元派。」堀井先生滔滔不絕地為我說明，德川家康的宗教政策將教派分成「東」、「西」之後，明治政府在進行宗教重組時，只允許淨土真宗本願寺派可自稱「淨土真宗」，其餘只能自稱真宗什麼什麼派。

「所有宗派我都喜歡。追本溯源，全都是釋迦牟佛的教誨。差別只在於，各個宗派創始人都從數千種經典中擷取和自己有緣的部分進行傳授罷了。以淨土真宗來說，原本的想法是主佛阿彌陀佛會救渡眾生，即使人不做任何事，對吧？明明說的是『可以不做任何事』，沒說什麼『不該』做，但在權力化和權力層層疊加之下，卻變成像是『拘泥於一些不存在的規定』，像是：不能撒鹽，或是東教派說頌缽底座必須是四方形，西教派說必須是六角形，我認為是本末倒置了……。」

僅有幾名員工的葬儀社。「不分早晚」的工作制度，等於沒有假日。也遇過相信客人說「壽險理賠下來就會付錢」而幫客人代墊整套喪葬費用，甚至代墊給僧侶的布施、火葬費用，盡心盡力，卻不料人壽保險憑證是偽造的，對方惱羞成怒說「沒錢就是沒錢」，至今未收到帳款。「我要學習的還有很多。」他說，但感覺他現在做得正起勁。

「我們有四成『警方交接』的案子，同時承辦了許多孤獨死的案件。可是我的鼻子大概很不靈，不覺得有大家說的那麼難聞。而且我有一項特技，當我覺得很臭時，只要鼻子上方用力，就聞不到臭味。」

他承辦的通常是平均四十萬日圓左右的家族葬和約十五萬日圓的直葬，也有領取公所生活補助（一律二十萬日圓／月）的人的喪禮。利潤很少。「根本賺不了錢。」堀井先生笑著說，接著又說：「假如我在這一行風生水起的年代入行，我大概做不久。我想，因為葬禮規模愈來愈小，更正確地說是我們處在一個葬禮愈來愈真誠的時代，我才能繼續下去。」他說。

薪水袋能立起來

經歷過「風生水起年代」的是中原忠（五十三歲），他是堀井先生任職的日新喪祭公司裡的前輩。兩人在職期間沒有重疊，算是他「間接的師父」。「我在電視上看到桑名正博（日本一九七〇年代到八〇年代著名的搖滾歌手）葬禮的花祭壇覺得美極了，心裡就在猜該不會是中原先生吧？結果他真的就是設計者，他是我們這些『非主流』葬儀社私底下很尊敬的人。」堀井先生盛讚道。

「我會告訴妳有關葬儀社的一切。」

在大阪市內一家小型殯葬會館迎接我的這人，長相威嚴，白色立領襯衫配黑色窄管長褲，穿搭很時尚，宛如演員般瀟灑。

「在我開始從事殯葬工作的大約三十年前，一場普通的葬禮要花三百萬，多的話，差不多要五百萬吧？講白了就是敲竹槓（笑）。不論工作內容、做法和我們的動機，都跟現在完全不同。那時候被叫『駕籠屋』、『駕籠舁』、『葬禮屋』，明顯受到世人鄙視，被瞧不起，所以才會有種『既然如此就讓我賺一筆』的心理。薪水豐厚，可以立起來。」（駕籠屋：日本封建時代和明治時期的交通工具，前後分別有人扛著行進。）

「駕籠屋」、「駕籠舁」的稱呼來自以前用駕籠運送屍體的習俗；「葬禮」指的是將屍體放進棺材裡埋葬，或是指這樣的儀式。據說，當時聽到這樣的稱呼不會覺得開心。「薪水豐厚，可以立起來」的「立起來」是指薪水袋立起來，意思是有超過一百萬日圓。

中原先生開始講述他進入日新喪祭服務之前，一九八二年到九〇年在大阪市內另一家葬儀社工作的情形。

「那是一家潛入醫院內部的公司。」他們會招待醫院的行政人員和護理師、塞錢給醫院的行政長官，或是調查醫療疏失、醫院幹部的婚外情等的內幕消息，做一些「近乎威脅的事」，以成為醫院指定的業者。因為「誰先接到醫院的來電」就由誰負責，因此所有人都「像在（遊樂中心）玩打地鼠一樣」搶著接電話。

「如果接到住了許多高階主管的北區三家醫院來電，心裡會『暗爽』，拚了命地談成工作。」

他們以接體車業者的身分去醫院接運遺體並載到家，然後在車上找適當時機推銷。「已經找好葬儀社了嗎？我們也有經營葬儀社喔。」即使對方說已找好了，仍然會繼續說：「我們比那家葬儀社做得更仔細唷。」

「一旦對方說『那就麻煩你們了』，立刻卯起來爭取一堆自選項目，把能榨的全部榨乾，一滴不剩。」

自選項目有檜木雕花棺木、裝飾在靈堂上的大型旋轉燈籠、水車、昂貴的鮮花等。他會慫恿顧客：「非常豪華，這樣往生者也能含笑九泉。像府上這樣的人家一定得做到這種程度，懂得看的人自然會注意到。」並照他的開價談定。

「當時，我完全沒有要為遺屬做什麼的想法。工作全是為了自己。為了自己賺錢。遺體只是個物體。看看能從遺屬那裡敲多少竹槓？真是個有趣且一本萬利的生意。」

他還堂而皇之地索取高額小費，把來幫忙的婦女和靈堂組裝人員的份也加進去，將小費的金額寫進報價單。不過，他其實只給那些人少量的費用，「三百萬的葬禮有十五萬左右」放進自己口袋是「應該的」。

「不義之財留不住，是吧。我房子、賓士都買了，但根本沒時間待在家裡，也沒時間開賓士，也不記得去過哪裡花天酒地。然而，當我離職時，婚也離了，身無分文……。」

之所以一開始就聊這樣的話題，彷彿在自嘲，我想是因為中原先生先一步料到我想聽這些葬儀社貪婪的內幕，而特意展現的服務精神。「您為什麼會進入殯葬業呢？」我總算能問問題了。

「我是從花店轉入這一行的。」

高中畢業時他「奉子成婚」，必須出外賺錢，於是在花店找到一份工作。他在婚禮部門負責花束和立花製作，有一天去支援喪禮，覺得那邊更有趣。

「因為在一個悲傷的場子有很多方法可以讓顧客感到喜悅。在靈堂和靈堂周圍只能擺放白色或黃色菊花的當時，我嘗試加入漂亮的紅玫瑰和康乃馨。」

要打破規則需要有佐證。供花是何時變成菊花？又為何變成菊花？他不停問人、不停查資料。了解到在漫長的歷史中，現今的葬禮形式形成於戰後；菊花是仿效天皇家的家徽，而且，似乎是因為菊花一年四季都可供應，才被用來當作供花。也明白了玫瑰因為帶刺，所以不使用玫瑰是「常識」。

「什麼嘛，就這樣？明明沒有什麼了不起的歷史，規定卻那麼多，不管這些限制應該也沒關係。」

據說，他認為進入葬儀社實際去做會更快，於是在二十二歲時轉換跑道。

「您是現在鮮花祭壇的先驅？」

「那時有大公司已經開始嘗試了，所以我不會說自己是先驅，但我確實對自己做出來的鮮花祭壇很自豪。」

進入葬儀社，「發現遺體又冷又硬後，我立刻退避三舍。直到習慣前，一直覺得噁心到不行，但我很拚。」他笑道。他「很拚」的不只是敲竹槓。若知道逝者喜歡向日葵，即便是隆冬，他也會去尋找進口的向日葵；若察覺喜歡的是康乃馨，他就會用數百枝康乃馨來設計靈堂。他從不對顧客的任何要求說「不」。

「可是，做了八年詐騙，總是會開始覺得這樣不對吧？所以辭掉工作後，我在和詐騙是兩極的日新喪祭服務了八年，找回純正的心（笑）。雖然他們給我很大的自由去設計花祭壇，但作為員工有其局限性，所以四十歲時我獨立出去，成為一個『到府服務的葬禮承辦人』。在主要幹道上的一棟大樓掛上『提供葬禮設計服務』的看板。做出一些成績後才有了這間會館。」

「這間會館」不像是殯葬會館。外觀像是一間隱密的餐廳，館內統一採用進口橡木家具來布置。祭壇空間為大理石風格。他說，辦在這裡和辦在公營等其他會館的葬禮各占一半。

就結論來說，中原先生說他喜歡沒有宗教色彩的葬禮。

「現在的人幾乎百分之百連佛經的佛字都不認得，所以聽和尚念經也根本不明白意思，心裡既無感恩，也不覺得有什麼意義，對吧？我寧願將有限的時間和金錢用於向逝者誠摯的告別，而不是耗在形式上。我覺得每個家庭應該都有不同的表達哀悼的方式。因為……」

大阪直到明治末年都還有極度華麗的送葬隊伍「奴行列」，它是仿效江戶時代的大名（即日本封建時代的領主）遊行。一九〇一（明治三十四）年去世的中江兆民（思想家、眾議院議員）留下遺言：「我不信宗教，不需要葬禮。」所以最早的「告別式」就是一個排除宗教色彩的儀式。直到昭和初年喪服都是白色的。從「在家裡守靈、送葬，由僧侶在火葬場或土葬的墓地誦經的小型葬禮」，到使用靈車因而不再有送葬隊伍，演變成現在「守靈、葬禮、火化」的形式。過去棺木原本都是被安置在靈堂的第三層，但從二十世紀的七〇年代開始，「為了能看到臉」，因而改放在靈堂前面。中原先生蹺著二郎腿以輕鬆的姿勢一口氣說道，然後身子前傾，認真地看著我，接著斷言：

「葬禮理所當然會隨著時代演進而改變，對吧？我個人是認為，『對於葬儀社所說的「常識」要抱持懷疑』，以及『什麼都有可能』。」

他已辦過超過一百場的無宗教葬禮。我請他談談他認為「好極了」的例子。

一位四十多歲的女士看到「設計葬禮」的廣告看板後，請他承辦七十多歲母親的葬禮。那是一位有七個孫子、深愛家人的美麗母親。他從女士的言談中，看出她想要辦一場符合母親形象的葬禮。

「不找寺廟的人來會不會變得很麻煩？」

「我想應該不會。」

「有沒有意見很多的親戚？」

「沒有。」

來回幾句之後，中原先生提議：

「那就是無宗教，我們來放您母親喜歡的音樂吧？」

對於中原先生的建議，女士說：「就交給您處理。」

「母親喜歡的花是？」

「紅玫瑰。」

「可以做一些與眾不同的事嗎？」

「可以。」女士點頭。

他真的辦了一場別出心裁的葬禮。

「我想像客人潛在的願望，然後在紙上畫出粗略的設計圖。父親以前是建築師，所以我在做的事或許跟他是一樣的。」

地點是大阪市營火葬場附設的一般禮廳。不設靈堂，在房間中央擺一張「女王睡的床」，把用天鵝絨包裹著的棺木放在床上。並為棺木中的逝者穿上她生前很喜歡的一件Prada洋裝。據說為了讓她穿上洋裝，他花了不少時間按摩她僵硬的手臂和手。自天花板垂下淡紅色圓頂透明紗簾，罩住床和棺木。側邊設有幾層鋪了紅地毯的台階。

床周圍的地板不但覆滿深紅色的玫瑰花，還用壓克力板做出一條小河，河面撒上玫瑰花瓣，將「七個小矮人」的陶製人偶散布在四周。

「來的人全都淚流不止。我心想，有這麼感動嗎？一問之下，原來母親過逝前一天告訴別人她『夢見了七個小矮人』。大概是因為有七個孫子吧，可是我之前沒聽說過那個夢境，卻完整做出了那個想像的空間。這樣的巧合常常發生在葬禮上。」

現場播放法蘭克．辛納屈的歌曲。不穿喪服，以自己喜歡的裝扮聚集而來的三十位親屬，依序步上鮮紅色的台階，鑽進圓頂紗簾獻花。時間就在互述對逝者的思念中緩緩流逝。

這是一場嶄新且美好的告別，服務業和專業職人的手藝都得到充分的發揮。

「因為沒有經過修復和防腐處理，遺體在那段期間一點一點慢慢腐爛，但這很正常。因為葬禮就是一種承載著人逐漸變成屍體的過程的儀式。」

中原先生這番話直搗葬禮的本質。

「敲詐人的那段日子，我只把遺體當作物體，但現在我把他們當朋友。有一次我晚上沿著漆黑的山路把遺體載去奈良縣十津川村，去的時候後面的擔架上有他（遺體），想到有人作伴就覺得放心，即使聽到關節鬆動發出喀喀聲也完全不會害怕；但等到回程剩下我一個人，就覺得黑暗的山路好可怕，飆車回家。通常應該是相反對吧？」

「前些時候，有位客人說要安置（遺體）在自己家的二樓。他家是連棟透天，打開玄關的門就是陡峭的樓梯，中間的平台也很小，用擔架根本沒辦法搬。所以我就把穿著睡衣的遺體揹在背上，爬上樓梯。明明是個很瘦小的阿嬤，卻出乎意料地沉重又溫暖。很像漫畫劇情吧？」

接近尾聲聽到的這段敘述一直留在我的腦海中。

第三章　湯灌、入殮、修復的現場

接下來要講的是我個人的私事。二〇〇八年我父親去世時在大阪委託的葬儀社，採行葬禮前先選擇遺體要「清拭」、「湯灌」還是「防腐處理」的制度。他們向我解釋清拭是用毛巾擦拭身體，五萬日圓；湯灌是泡澡，八萬日圓；防腐處理是施做手術讓身體恢復到極為接近生前的狀態，十六萬日圓。

被禮儀師技能審查應試者視為聖經的《葬儀概論》（碑文谷創著，表現文化社出版，初版一九九六年，增補三訂二〇一一年）中，如此解釋湯灌：

「1、以前的湯灌

燒熱水，水盆裡先裝些冷水再倒入熱水，將遺體洗乾淨。由於是用和平常相反的方式調整水溫（先裝冷水再加熱水），所以被稱作「逆水」。由近親或是地區居民來進行。

近年來醫院普遍會在死後進行一些處置，所以很少會這麼做了。

2、由湯灌業者進行湯灌

這是從巡迴自宅的老人沐浴服務演變而來，車上載著浴缸拜訪住家，或是到私人殯葬館內的湯灌室進行湯灌服務。這類服務在上個世紀的九〇年代開始流行。

遵循一定的儀式，用一條布將遺體蓋住，用蓮蓬頭把遺體洗淨，並更衣、化妝。

※原本『湯灌』並非禮儀，但現在多半都刻意以禮儀的形式進行，這是因為業者試圖讓『湯灌』這項服務添加一些附加價值。同理，逆水也是一項習俗，是為了與常態作區別，稱不上是禮儀。」

而我後來採訪的神奈川縣平塚市的葬儀社，一如前文所述，將湯灌解釋為「撫慰今生的疲勞，也是為來世的誕生而沐浴」，並把用洗臉盆的熱水擦拭手腳和臉部的簡略版稱為「湯灌儀式」。然而，當時的我無從得知這樣的概要和說詞，在不明白選擇標準的情況下，想說「爸爸喜歡泡澡」，又因為「取中間價位」的想法而選擇了湯灌。

父親因肺炎住院一週後去世，從醫院被直接送到殯葬會館的等候室進行湯灌。我記得葬儀社的人並沒有特別鼓勵我在場觀看。我在那個時間先回家一趟，返回會館時，父親已完成湯灌被放進棺木，存放在玻璃冰櫃裡。雖然也有感覺好像瞬間就變成一具「屍體」，但我將其理解為，這就是所謂的死後的「程序」吧。

我一直認為，願逝者安詳離去的心意，和你費多少心去處理遺體，更具體地說，和整個葬禮花費多少金額毫無關係。現在的我依然如此相信。

人在心臟停止跳動的當下立刻變成物體。不過，情感上還有一些部分無法接受。棺木中父親身上的服裝，我選了他很喜歡的夾克、Polo衫和長褲（後來才知道，像這樣穿「便服」的在全國算少數）。「即使不穿經帷子，我們也把它放在遺體旁邊，以便能隨時更換。」葬儀社的人如此提議，並將白衣、袖套、綁腿、頭巾，以及據說是「三途河渡河費」的六張影印的「一文錢」封進頭陀袋，放入棺木。我以為現在已經沒有人相信「死去的人會身穿一白衣，渡過三途河前往『另一個世界』」吧，所以覺得有點滑稽。

然而，一旦到了蓋上棺木那一刻，我突然想在棺木中父親的四周擺滿鮮花，放入父親心愛的物品和喜歡的食物等，於是我在可容許的範圍內放入最大量的物品。這大概表露了我內在「希望他在那邊的世界能過得愉快」的願望吧。

我的老家信仰真言宗，但我並沒有皈依的感覺。儘管沒有宗教信仰，但這不表示我完全否定「另一個世界」和死者「靈魂」的存在。

在不斷採訪葬儀社的人的過程中，我漸漸相信不僅遺屬會這麼想，因「職責所在」接觸屍體的人也有同樣的想法。而且，我開始感到，對承辦葬禮的人來說，「死亡」是「生命」的延續。那麼，工作中要直接碰觸屍體的人，那些被稱作湯灌師、納棺師、修復師的人，又是怎麼想的呢？

想了解殯葬業的幕後

「這是我六年前進公司後不久發生的事。我第一次獲准跟著三位前輩去喪家見習湯灌時，赫然意識到：『啊，我現在是要照顧亡者的角色。我還活著。今後也必須繼續活下去』。」

說這番話的是虎石薰（三十五歲）。在平安典禮公司（新潟縣上越市）紀念事業部關懷服務部門從事湯灌及入殮工作。

其實她是我認識十多年的朋友。她從京都一所藝術類大學畢業後，在大阪一家民間智庫負責藝術活動企劃和製作等工作，我們就是那時候相識，當時她不到二十五歲。她是會為他人設想的性格，暱稱「小虎」，為了回應大家對她「能立即發揮能力、做出成果」的期待，每天都加班到很晚。儘管優秀，但必須像更優秀的前輩們那樣熟練地完成工作的壓力，讓她二十六歲的年紀就搞壞身體，辭職回鄉。老家是真宗大谷派的一間小寺廟。

在老家的生活，每天暴飲暴食，體重增加到七十八公斤。據她表示：「不能否認自己的確想過『乾脆去一個永遠回不來的地方』。」後來她接受精神科的照護，目前在康復中。她在那段期間削髮為尼。起因是祖父過世後，她開始思考「佛教與人的生死有何關係」，然而，獲得僧侶身分和維持生計是兩碼子事。父親也是兼職上班族。「疾病治療補助就快到期了，我得找到謀生方法才行。」

「雖然都說喪葬佛教，但我更想了解殯葬業的幕後，而不是寺院的幕後。很想去葬儀社看看。」正當她開始有這個念頭時，她透過職業介紹所找到的工作單位，就是平安典禮公司。

在她開始做湯灌師、納棺師不久的時候，我們有一次在新潟縣內的居酒屋見面，一起喝酒。她胖了很多，一邊大口大口地喝光杯裡的酒，一邊夾雜著有點難懂的詞彙說：

「七十歲過世的人和九十歲過世的人，我相信每個人都平等地走完一生。人生沒有優劣之分，我覺得生命的重量平等是受到保障的。」（不過本人說她不記得了。）之後五年過去，前述那段話就是我請她重新回想自己第一次見到湯灌現場時的感受。

「往生者躺在浴缸裡進行湯灌，小孫子在一旁說：『阿公看起來好舒服喔。』家人斷斷續續說著『他很喜歡盆栽』、『每次帶布丁去醫院，他都吃得津津有味』這類生前的故事。這時，那位過世的老爺爺看起來就像安詳地在泡澡似的。生和死都是非常自然的事，並不特別……。所以，不知道該說是我意識到身為活著的一方，我必須繼續活下去；還是說我體會到，能從事一份代表活著一方的工作很值得感恩。」

接著這麼說的虎石小姐看不出絲毫曾大病一場的痕跡。體重也減輕了二十多公斤，完全恢復原來的樣子。一雙大大的眼睛直視著我。是湯灌和入殮工作中的什麼讓她的精神疾病完全康復嗎？

沿著上越市市中心延伸出的幹道而建的殯葬會館別棟二樓，有間平安典禮公司紀念事業部關懷服務部門的值勤室。走進去，感覺就像是劇院的後台。大約三十平方公尺的空間裡，會議桌、白板、擺滿各種化妝品的架子、毛巾和布類、裝有衣服（壽衣）的箱子等散置各處，一眼便能看出這裡每天都在運作。以連同前一份工作在內，合計從事這份工作十二年的主任（四十一歲）為首，總共有五位工作人員全是女性，虎石小姐也是其中之一。

「當天的時間表要前一天傍晚才能確定。每當有颱風、天氣突然變冷或氣壓變化之類的，我就會心想『明天可能會很多』，這種預感大致都很準。早上八點上班，拿到地址、姓名、年齡、宗派等的基本資料後開始準備，兩人一組或三人一組開輕型麵包車前往喪家。平均算下來，一天大概三件吧？」

基於地方的風土民情，幾乎所有逝者都會先從醫院送回家。業務人員會開會討論，在湯灌或清拭的要求確定後、進行守靈之前，就是虎石小姐等關懷服務人員出場的時候。她說，湯灌和清拭各占一半。

以湯灌來說，一件案子需要準備大浴巾兩條、臉巾八條、被單兩件、棉花一套、壽衣一套、乾冰十公斤。還要攜帶裝有乳液、乳霜、粉底、口紅等類似造型師所使用的大化妝包前往喪家。車上則載著樹脂製的浴缸、連接管和熱水器。她說，要單靠女性將十幾公斤重的浴缸從車上搬進喪宅、將遺體抬起，根本是相當耗費體力的粗活。

「體力上確實很吃力。經過前三個月的受訓，然後在前輩們仔細指導下我才學會，但對我來說，辛苦可能反而是好事。這是一份既不只靠頭腦也不只靠體力，而要均衡運用兩者的工作，漸漸學會之後確實能感受到那份喜悅。」

到了喪家第一步要做的是檢查躺在墊被上的往生者身上有無傷口，然後應需要在耳朵、鼻子、嘴巴裡塞棉花。「不論如何一定要避免體液逆流而出。妳可能不相信，塞進鼻孔的棉花有時會長達一公尺唷。」虎石小姐的前輩（三十一歲）這麼告訴我。

「啊？一公尺？」

我大吃一驚，虎石小姐立刻說：「我是學美術出身，畫圖我可以。」於是在我的筆記本上畫出人臉部的剖面圖，為我解釋：「鼻子和嘴巴是這樣相連的。」

「再下去喉頭會與支氣管相連，所以可能有一公尺長。棉花是用鑷子放進去的。一開始我也不敢直視，當我鼓起勇氣去做之後，慢慢便覺得這是一件很重要的事。」

虎石小姐和主任一起在殯葬會館的等候室為我示範如何進行湯灌。

兩人合力將往生者抱起，讓他躺在布置在浴缸裡的網子上。用浴巾蓋住全身，脫掉衣服。接著，負責身體的和負責頭部的人各自在自己的位置，以跪姿用蓮蓬頭的溫水清洗……。程序和我在殯葬商業展覽會上看到的湯灌示範一模一樣，但當坐在浴缸後側的虎石小姐說完「我主要負責洗頭髮」後，以膝行方式移動到浴缸的一頭時，我大吃一驚。因為明明身穿白襯衫和黑色長褲，卻看似歌舞伎或人形淨琉璃中的黑衣人，動作實在太「滑順」了。

「哇，妳有注意到啊？」虎石小姐微微一笑。

「雖然不是日本舞蹈，但我們很注重頭和肩膀不能動，或盡可能平行移動之類的細節。並努力不讓觀看的人察覺到輕或重。如果讓家屬感受到我們正在使力、覺得很重，不是很不好意思嗎？」

在同一個地點，湯灌是在家屬面前進行的。主任繼續說道：

「家屬會看到我們的手，所以我們經常在思考什麼樣的動作是美的，例如指尖伸直之類的。還有移動位置等動作，工作人員之間是透過眼神示意然後互相留意，根據每個現場的情況做判斷。」

兩人嘗試從浴缸後側的左邊移動到右邊，背挺直面向前方，漂亮地做到平行移動，而且是同步。

往生者的頭部超乎想像的重。虎石小姐說，要用手撐著，而後頸部的僵硬度因人而異，有時硬，有時軟。如果很軟，洗頭時就會想從肩膀抬高，但因為不能讓往生者看起來呼吸困難，所以要避免。她說，力道的拿捏也要隨機應變。洗髮、潤絲完後是洗臉，先剃除臉上細毛、按摩，然後蓋上熱毛巾。至於用浴巾覆蓋的身體部分，要輕輕地洗，同時注意別讓人感覺像在撥弄下半身。

「洗的時候會不會感覺到被屍體牽引？好比說，不知怎麼的手離不開屍體，覺得毛毛的？」

我大膽地問。

虎石小姐露出些許不悅的表情，斷然說：「那是不可能的。」

「我確實聽禮儀師說過，半夜和屍體獨處時會無緣無故感到害怕，但我們工作的地方家屬也在，所以完全沒有這種感覺。」

不過，有時會對遺體產生情感共鳴，情緒因而受到牽動。她說，有一次負責處理一位自殺的熟人，面對著遺體心裡浮現「我們會好好幫你清洗，請看著我們」的想法。後來就在比平時更加緊張的狀態下進行作業。

「那一次，我在作業時強忍著淚水，但一切結束後我淚流滿面。不過平常我不會有那樣的情緒，只是一心一意為了順利清洗遺體皺皺的、鬆垮的皮膚而竭盡全力。」

主任也加入談話。

「我工作時會在心裡對遺體說話，像是『您用這雙腳打拚了九十年』，如果腳底變得很厚，或是小趾表面凹凸不平，會說『辛苦了』。」

我聽著兩人的談話，漸漸覺得由這兩人進行湯灌的往生者和守在一旁的家屬應該會非常滿意吧。然而另一方面，我又不禁懷疑，在醫院已做過大致清拭，物理上其實不需要這樣清洗，表演的成分很大吧？當我這麼說時，虎石小姐稍作思考後如此回答：

「說是為旅行準備，但三途河和死後世界的存在和不存在都未被證實，對吧？」

我沒有立刻理解她想表達的意思，但對三途河和死後世界的「存在」尚未獲得證實點了點頭。不過，未被證實「不存在」的說法對我來說很新鮮。

「因此我認為，遵循習俗比不遵循習俗而後悔要好。我不清楚都會區的情況如何，但這一帶沿海和山區的村落，湯灌的習俗，或者說文化，在我們把它當成工作之前就已經扎根了。還會聽到『沐浴人』這樣的說法。」

據說，每當年長者去世，常常會聽到往生者身邊的人說往生者指名拜託某人：「我去世後，沐浴人就是你了。」通常是往生者的外甥孫等非直系親屬，或是鄰居。根據虎石小姐的研究，不是由喪主和家人負責將死者放入浴缸、擦拭身體、換穿壽衣，可能是體恤那些被推進巨大悲傷中並忙於喪事的當事人。

「沐浴人會說『我很想為他做，但沒辦法』。所以，實際上是由我們上門服務，在他們的協助下進行清拭。換好衣服後，再由喪主把浸泡過酒精的棉花交給沐浴人，擦拭臉部和手腳，我覺得這是一個應當受到尊敬的職務。」

青木新門所寫的《納棺夫日記》（後來成為電影《送行者》的原案）中有一幕描寫道，在富山，亡者的堂／表兄弟和姪子、外甥將酒一飲而盡，依村中長老們的指示進行湯灌和入殮。富山和新潟正是隔壁鄰居。

該書中有段這樣的描述：「要脫光死者的衣服，讓他或坐或躺，所以血液會從口、耳、鼻流出，造成不愉快的狀況，使得周圍的人內心混雜了對死者的疼惜、厭惡和對死亡的恐懼，情緒益發亢奮。」所以或許原本就避免不了這樣的一面。虎石小姐認為那是「日常與非日常交會的神聖儀式」。

「老一輩的會打赤膊繫著兜襠布下海淨身之後再去，受此影響，我曾見過有沐浴人在長褲外纏著兜襠布，覺得很驚訝。還有地區在湯灌結束後，包括沐浴人在內的所有人都要吃一口裝在小碟子裡的豆腐。這可能是一種藉由攝取白色的東西，來清除死亡穢氣的習俗。」

這樣說來，湯灌至今在當地仍然深具意義。

湯灌完換上白衣後，多半會「畫紅妝」。隨著時間過去，臉部肌膚的表皮往往會剝離，如果太乾，就會變得像「煙燻乳酪」。據說要用手心確認乾燥程度，塗抹保濕乳霜、遮瑕膏、打粉底、撲粉等。

「遺體臉部摸起來的感覺？不溫暖，但也不是那麼冰冷。觸摸時會一邊想像他們的生前，像是九十多歲的女性不少人還保有白皙細緻的肌膚；或是，刮鬍子還會噗滋噗滋的男人直到去世前都很硬朗呢之類的。說句狂妄的話，我認為，接觸死亡、思考死亡就是在思考生命的意義。」

另外，採訪完虎石小姐回到東京後，我在柳田國男（一八七五～一九六二年）於一九三七年出版的《送葬習俗語彙》（二〇一四年重印時更名為《送葬習俗事典》）中找到和她說的「穿兜襠布的沐浴人」有關的記載：

「湯灌：能登越中等地將入殮稱作湯灌。在鹿島郡通常由姪甥輩負責此事，沒有姪甥輩時則由兄弟來進行，通常由兩人完成。（中略）以草繩束起衣袖，將死者放入新做的水盆裡剃除頭髮，列席的近親輪流，務必以左手舀水澆灌。抬起屍體時一定要出聲喊『喂』或『來吧』。之後放入棺木。」

鹿島郡（石川縣）想必是柳田進行田野調查的地點，距離虎石小姐的責任區僅有八十公里左右。昭和初期由亡者的姪甥們負責湯灌，裝扮是以草繩束衣袖。或許不只是以草繩束衣袖，也有繫兜襠布的案例。虎石小姐她們就是將現代的樹脂製浴缸搬去一個仍然留有這種習俗一絲雲泥鴻爪的地方，進行湯灌業務。

在黑白「劇場」裡

我想參觀虎石小姐她們實際工作現場的願望未能實現，但過不久一位福島出生的朋友父親（八十六歲）過世，我有機會參觀了另一位納棺師的工作現場。

地點是朋友位在福島市內的老家，那是一棟從私鐵的無人站沿主要幹道走路約五分鐘，位在廣闊田園中有五十年歷史的兩層樓木屋。有三十名之多身穿喪服的人坐在拉門敞開、有三間六張榻榻米大房間的一樓，年齡分布從與往生者年紀相仿的老人到二十出頭的孫子都有。

雖然聽說親戚很多，但沒想到入殮會有這麼多人在場，令我感到文化衝擊。不同的地方有不同的習俗。前一天因肺氣腫過世的往生者躺在最裡面的房間。不知道是不是因為當地注重入殮的關係？

「不是，入殮儀式是最近才有的吧？」朋友說。據她表示，這一帶長年來人們普遍採行「骨葬」，即在守靈完隔天早上先火化屍體，再將骨灰罐安放在中央舉行告別式，所以應該不需要進行湯灌。母親希望採用那樣的形式，但僧侶和火葬場的時間無法配合，才變成守靈↓告別式↓火葬的順序。

身穿深色西裝的高個子男性走進屋裡，在走廊脫下外套，披上白衣，扣上正面的釦子。攜帶皮製公事包的模樣看似來出診的醫師，五官端正，年紀大概四十多歲？髮際線混雜了少許白髮。

他面對往生者正坐、雙手合十祭拜後，說：「我是今天負責執行的安齋。」說完向身為喪主的母親、家人及所有親戚行禮，繼續說：「接下來我將準備進行穿衣和臉部剃毛。然後用乾洗髮清潔頭髮。」

徒手。他用長方形棉花蓋住往生者的臉後，展開第一步作業。我猜他是在鼻子和嘴巴裡塞東西，但即使距離很近仍然完全看不到。目光不由自主一直被他拿著棉花繃緊筆直的指尖吸引過去。

完成後，他讓往生者連同身上蓋的被子一起側向一邊，不知不覺間迅速幫他換穿上經帷子。接著在往生者的臉上塗抹刮鬍膏，用理髮師用的那種剃刀依序刮眉間、臉頰和嘴角部位。動作極為流暢。將毛巾覆在整張臉上。與其說是擦拭，看起來更像是用毛巾罩住臉，宛如魔術師的手法。接下來一邊用左手遮住鼻子，一邊剪鼻毛。並進一步用乾洗髮像按摩似地清潔頭部，用梳子梳理頭髮。

中途，朋友從房間的後方向我招手，我於是悄悄離席。從後方看去，往生者和納棺師如同演員般，在一個黑白無聲的「劇場」共同演出。左右兩側的拉門、日式衣櫃、時鐘等經年使用的家具靜靜強化了劇場的氛圍，穿著喪服的「觀眾們」屏氣凝神注視著——。

「可以讓他嘴巴闔上嗎？」

朋友的哥哥問道。遺體的上下唇有微微地張開。

「因為人瘦了，嘴巴凹陷，就這樣的話有點……」

嫂嫂也幫腔。

「現在才做有點困難。不過，請稍待一會兒。」

納棺師再次拿長方形棉花蓋住往生者的臉，用手做了一些處理。一、兩分鐘的作業結束，取下棉花時，嘴角變豐腴，上下唇也闔起來了。

「化妝的部分要怎麼處理呢？」

「有化比較好嗎？」

「如果是女士，家屬多半都希望化妝。男士如果氣色不好我們也會建議要化，不過多半家屬都要求保持原樣。」

「那，就維持原樣吧。」

「好的。我覺得已經很漂亮了。」

哥哥嫂嫂和納棺師交談了幾句。母親默默地聽著。

最後，他要求支援：「現在起將進行入棺儀式。很抱歉，希望在場的男士能幫我一個忙。」以用床單包裹的形式將往生者移進棺木，袖套、綁腿等由家人親手戴上，再放入往生者鍾愛的書、紙杯裝的在地清酒、院子裡的牽牛花等，然後蓋上棺木，所有作業結束。大約一小時十分鐘。

「太精采了。不好意思，這比喻很奇怪，但我感覺好像看了一場由知名演員演出的精采好戲，餘韻猶存。」

日後，當我如此告訴同意接受採訪的那位納棺師安齋康司時，他輕輕笑了笑，說：「謝謝誇獎。我們的工作，就是看自己在有限的時間內能提供多少服務。」

名片上寫著「玉野屋Purelist公司」。玉野屋（福島縣福島市）同樣是一家與社區關係緊密的綜合禮儀公司。據說Purelist是該公司自創的詞，是一個年齡分布從二十五歲到四十一歲的六名男女所隸屬的納棺部門名稱。安齋先生據稱三十一歲，比看起來年輕許多。

「入殮是一系列葬禮儀式的第一步對吧？必須給客人留下好印象，所以每個動作都有規矩……。」

為避免自己的身體碰觸到「往生者」，要雙膝並攏進行定位。鑷子不能單手拿取，另一隻手也要扶著。碰觸衣服時也務必用雙手、拉衣襬用三指、用第一關節以上的部位、繃緊神經直到指尖——據說有這些「規矩」。他還說必須經常剪指甲保持很短，不讓指尖長肉刺。我想起虎石小姐她們的「平行移動」，同時領會到「整體美」的確有其原因。

安齋先生從屍體的基本知識開始講起。

「屍體會因為死後的時間和安置狀態而產生略微變化。因為非常脆弱，連手的溫度都會在觸摸時造成損壞。溫度上升，腐敗就會加速；內臟一腐敗，腹部就會變綠色，有的還會全身變綠。」

「這是否意味著，不論清拭或湯灌，對屍體來說，碰觸都有害？」

「正是如此。就我的感覺來說，死後立刻放進棺木，用乾冰硬化，然後存放在冰櫃裡直到葬禮當天，我覺得這樣對屍體最好。不過，也要考慮遺屬的情緒、地方習俗。我認為，我們的職責就是竭盡所能讓遺屬甘願地送走逝者。」

因肝病或使用強力藥物造成肝臟負擔的逝者會出現黃疸。長期對抗病魔，一直在注射點滴的逝者則會出現浮腫，而且點滴針無異在身上製造了孔洞，使得體液容易漏出。此外，不論任何死法，基於重力法則，血液會沉到底部，因此死亡後經過的時間愈久，表皮和真皮（表皮下的結締組織層）就會愈蒼白。有人說頭髮在死後會繼續生長，但其實只是皮膚收縮讓頭髮看似變長。皮膚就是會收縮到這種程度，屍體一點也不美麗。

我以為我理智上已理解，但聽親手處理過的人這麼說，感覺格外真實。

朋友的父親生病期間不長，接近自然死亡。和很有肉的年輕人不同，屍臭較少。家人沒有提出特出的要求，也沒人干預，「一切條件具備而能夠順利入殮」。

我請他舉一些難處理的案例。

「白鬍子質地硬很難剃，只能調整刀刃角度剃兩次、三次，但皮膚很脆弱，剃太多次會受傷，使真皮露出，隔天傷口收乾變褐色，這種情況一百件中會遇到一、兩次。這時隔天就要以重點式化妝來掩飾。曾有家屬在我準備剃鬍子時嚴厲制止我，表示『服用抗癌藥劑導致頭髮都掉光了，唯一就剩下這點毛，所以想留著』。從此，我便一直牢牢記著，不能因為出於善意就將自己的想法強加於他人。」

當我告訴他，我對他讓嘴角變豐腴、闔起來一事很感動時，他很爽快地回答：「就是把適量脫脂棉放進嘴裡讓它鼓起來。」然後補充：「不過，難在適量。」鼓脹程度是像不像那人的關鍵。據他說，只要輕輕按摩嘴唇四周就會自然閉起。他還告訴我，嘴巴的構造是上下牙齒都在時才能緊密閉合。朋友的父親有牙齒，但對於沒牙齒的人，就必須根據臉部整體比例去設想牙齒的高度，盡量調整到平衡，否則無法呈現自然的嘴形。

「最近有個男子從防火瞭望台墜落身亡。臉部被鐵欄桿刺進去、裂開，露出骨頭，我把錯位的骨頭恢復到用手能調整的程度——有些位移的方向需要使盡所有力氣，但這位男士的情況並非如此——然後縫合皮膚裂開的部分，並塗抹油灰以去除接縫。」

令人驚嘆的工作話題繼續著。安齋先生同時也是修復師。進入這一行多少年了？

「二十歲時我什麼都不懂就踏入這一行，加上之前的公司總共做了十一年。」

高中畢業後任職於福島縣中央的鋁門窗製造工廠，但因負責的生產線被轉移到中國的工廠，於是離職回鄉。「遊手好閒」了一陣子之後，做木工的父親問他：「有家公司正在找人。」他連是什麼行業都不知道就去面試，去了才發現是承攬葬儀社入殮業務的公司。

「因為擺了棺材和頌缽，我心想來錯地方了，本來打算道個歉，說自己搞錯了就離開（笑）。不過，那時候在老家有工作機會就要感恩了。」

他「體驗」了一個星期。第一天做完，「十人中有八、九人隔天起就聯絡不上」是這家公司的常態，而安齋先生之所以「沒事」，是因為他腦中不時浮現十八歲那年過世的祖父遺容。

「不宜喪葬」加上家族所屬寺院的因素，祖父的遺體要數日後才能火化。當時正值仲夏，棺木中祖父的臉變得很怪異，四處瀰漫腐爛的氣味，還有蟲子飛來飛去。鼓勵家屬「請摸摸他」的葬儀社的人自己也是一副不想碰觸的樣子。他試圖藉由從事這工作來擺脫當時心裡對爺爺的歉疚。

「因為是工作，我從不曾覺得害怕、噁心。」

那是一家教育制度完善的公司，他在那裡學會入殮的禮節和修復技術。每個月完成超過兩百具屍體的入殮工作，經驗逐漸轉化為力量。不過，他和公司在「精神面」逐漸出現差異，五年後，優先考慮效率的營業方式讓他「忍無可忍」，於是辭職。正好那個時候，他作為下包商經常進出的「玉野屋」成立入殮部門，邀他加入。「玉野屋是一家始終以『尊重死者、保護遺體尊嚴』為基本前提的公司，因此我可以全力以赴去做。」他說。

朋友的父親由安齋先生入殮後，被送到約十分鐘車程外「玉野屋」的殯葬會館，進行守靈和告別式，那是場出席人數約一百三十人的一般葬禮。在線香氣味瀰漫中，家族所屬曹洞宗寺院的師父念誦日文寫成的讚美詩。司儀是同公司的浪岡和幸（二十九歲），一位看來真誠的年輕人。

「您年輕時從軍，戰後擔任教師度過一生，辛苦了……。我們不會忘記爺爺您再三否定戰前教育的想法，並會懷著這份信念在地震災後的福島活下去。」

告別式上，本身也進入教育領域、二十五歲上下的「孫子代表」致弔辭時，浪岡先生並不急著進行下個流程。他短暫停頓，空出一段時間讓追悼者細細回想，這種對現場氣氛的判斷拿捏也令人讚賞。

「很高興能夠辦一場像電影《送行者》，而不是像《葬禮》那樣的葬禮。」日後朋友和朋友的哥哥都這麼說。那是一場美好的葬禮。（《葬禮》：指一九八四年伊丹十三自編自導的日本喜劇電影。）

不過我認為，在殯葬會館，棺木理所當然被放置在靈堂前。但守靈後或告別式前，家屬肯定會偶爾去探視棺木中的逝者，原本應該是「與逝者（即遺體）相處的時間」。然而，葬禮中能夠實際看到逝者全貌的，唯有出殯前打開棺蓋進行「最後告別」的那幾分鐘。安齋先生負責進行入殮的那一個多小時，我覺得真的是一段很寶貴的時間。

我把這感想告訴安齋先生，並說：「畢竟這工作和死者家屬的悲傷照護（對遭受巨大傷痛之人的關懷照顧）直接相關。」不料，一陣沉默之後他回應道：「不是這樣的。」然後談到地震時發生的事。

「其實，在災區入殮的畫面深深烙印在我腦中……」

那次入殮是受到一對老夫婦的委託，死去的是十八歲高中剛畢業的孫女。

老夫婦的女兒和女婿（孫女的雙親）也尚未尋獲。夫婦倆希望能「全身修復」，但那超出他的能力範圍。從屍袋取出屍體時，情況慘不忍睹。據說，全身充滿氣體而腫脹。軀幹、手腳和臉部都沒有表皮，真皮裸露在外。安齋先生自己也渾身是泥，仍然將沙子和泥巴一一清除，一心一意用濕毛巾擦乾淨。而且有不少地方一碰到就崩落。

夫婦倆拿出孫女的快照。照片中的她洋溢青春活力，比出和平的手勢，笑容滿面。他痛切感受到，原本應該繼續下去的「光明未來」全被奪走了。安齋先生暗自決定「至少修復臉部」。去除血塊，加上塗層劑，修復受損部位；用油灰塑造鼻子，讓臉頰豐腴了起來，使出渾身解數投入修復，他說。

三個多小時的作業結束，幫女孩換上全新的套裝。那是夫婦倆拿出來說要讓女孩穿上的衣服，據說女孩原本期待穿著去參加四月的就職典禮。著裝完成時，夫婦倆說「終於見到孫女了」，肩膀微微顫抖抽泣著。

安齋先生作業中一直緊繃的心放鬆了下來。淚水順著臉頰不停流下，他說。

「我自己也感覺快要崩潰。悲傷或悲傷照護，不是可以輕易使用的詞彙。」

安齋先生的話深深刺進我心裡。

「神技」

我想採訪遺體修復現場，於是詢問了幾家葬儀社，但個個門戶緊閉。不過，最後出現了表示：「如果這對認識我們的工作有幫助的話」的協力者。即自由工作者水野未千佳（四十六歲）和木佐貫俊郎（三十八歲），頭銜是「修復納棺師」。修復分為「讓受損的臉恢復原貌的修復」和「讓漂亮的臉更加漂亮的修復」兩類。某日早晨，我突然獲准進入東京都內某殯儀館的太平間採訪後者的修復過程。

太平間寬三公尺、深十五公尺，是個乾淨的空間，有點寒意，但不會令人害怕。也沒聞到異味。一側排滿類似餐飲店廚房的「冰櫃」，上下兩層共十只。水野女士和木佐貫先生打開其中一個把手，讓一具屍體從裡面滑到擔架上並取出，然後放在一個以簾幕隔開的角落。

看到屍體，我難掩驚訝。因為蒼白的臉上毫無血色，眼睛睜得很大，嘴巴也張得大大的。一靠近，一股難以形容的難聞氣味便慢慢襲來。我大受衝擊，屍體的面貌竟然會有這麼大的轉變？而且會發臭？那是一位白髮、身形消瘦的老先生。我摸了摸皮膚，當然是冷的，但可以感覺微微有點彈性。

「要摸的話要戴手套，絕對不能光著手。」木野女士嚴厲的聲音傳來，並遞給我一副緊密貼合型的橡膠手套。

「有感染ㄐㄧㄝˋㄔㄨㄤ的風險。」

「ㄐㄧㄝˋㄔㄨㄤ？」

「疥蟎的傳染病，比普通蝨子癢一百倍以上，會在屍體的傷口中挖隧道並大量繁殖，只要一人感染，瞬間就會傳染給很多人。我以前公司的值班人員被傳染到後，擔心所有員工都會得疥瘡，搞得雞飛狗跳。」

水野女士一邊以熟練的動作脫下老先生身上穿的浴衣袖子，一邊告訴我。

「這死後大約幾天了？」

「很難說，大概在等火化吧。可能經過四、五天了。身上積了很多垢，鬍子又相當長，或許是名街友。啊，對不起。有排定葬禮計畫，所以不是街友。大概是在家裡死亡的獨居老人，但嚴重消瘦。」

據說葬儀社總是突然來電，請他們「幾點到哪裡的誰家」，完全不會告訴他們死因和死亡時間這類資訊。

那具屍體的胸部清楚浮現每根肋骨的形狀。幾乎可說完全沒有肉。腹部自最底部的肋骨正下方往下凹陷成碗狀，且徹底變色，變成既不是綠也不是黑的顏色，根本沒有一般所謂的肉色部分。據說，凹陷是因為胃是空的，變色則是因為內臟已腐敗。

手腳、指甲和指甲周邊的皮膚全黑了。

「如果是女性，會幫她塗上顏色漂亮的指甲油掩蓋發黑的指甲，但這是位老先生，所以就這樣了，抱歉。」

木佐貫先生使用消毒過的棉花開始擦拭身體。非常仔細，每個角落都不放過。

「雖然穿上壽衣後就看不見身體，但我不能因為看不見就讓他這個樣子。」

看不見就表示委託人不會批評。我對自己以為關起門來作業所以可能會偷工減料感到羞愧。

這時，在一旁把棉花剪成一小塊一小塊的水野女士知會我：「現在開始要進行臉部修復。」

屍體的臉部臉頰消瘦，深陷的眼睛睜得老大。

水野女士右手拿著尖端纏有棉花的鑷子，說聲「爺爺，對不起喔」，立刻用左手大拇指和食指將右眼瞼稍微提高。眼瞼內側和眼球之間有了一點點空間。就在我感到驚愕的瞬間，她將夾著棉花的鑷尖送了進去。手法俐落，鑷子出來時已不見棉花。

「棉花不沾水也能放進去？」

「是啊。因為有黏液，所以很容易進去。像是受到歡迎一樣。」

「啊？像受到歡迎一樣？」

「對不對？爺爺。您一直在等我，對吧？」

她的手並不停歇，右手食指指尖輕戳塞了棉花的眼瞼表面，讓鼓起部分穩定下來；接著捏起眼睛下方的皮膚，在皮膚和眼球之間分兩次塞入棉花，再用指尖讓眼睛閉合。然後用指尖去除黏在睫毛上的眼屎。接下來，左眼也同樣依序在上、下眼瞼塞入棉花，讓眼睛閉上，去除眼屎。

不到一分鐘的時間，眼部便發生巨大變化，彷彿安穩地睡著了。然而我沒時間為這神技感動。

「接下來是嘴巴。」

她讓嘴巴張得大開，查看口腔內部。沒有半顆牙齒，牙齦呈非常漂亮的粉紅色，但感覺萎縮得很嚴重。水野女士從塑膠容器中取出一支很粗、穿有類似釣魚線的針。

才心想她是不是在對老先生說「爺爺，會有點疼，對不起喔」，便看她把針用力扎進上牙齦，接著下牙齦。我的心跳加速。沒流半滴血。水野女士把露在上下牙齦外的線打結，一邊拿剪刀剪去多餘的線一邊說：

「不是每次都這樣，但這位先生的情況如果不這麼做，嘴巴一定會張開。」

之後，她一邊微調，一邊分成三次將比處理眼睛時多很多的棉花，同樣用鑷子塞入嘴裡。臉頰底部到下巴頂部鼓脹了起來。然後用指尖戳戳左右嘴角和臉頰。原本張得大開的嘴巴閤起來了。人臉上的嘴巴和眼睛竟會有如此大的轉變，表情變溫和了。

「太厲害了！太厲害了！」

我重複說著單純的讚美，腦袋完全想不出其他詞彙。

「臉頰頂部的凹陷如果做皮下注射的話會更好，但最近，藥水的取得變得很困難，所以沒辦法。」

不，在我看來，這樣已經很完美了。我不假思索地對遺體說：「現在變得很帥唷。」

水野女士用棉花將適量的噴霧刮鬍膏塗抹在臉上，然後拿大型一字形剃刀開始刮鬍子。前文中的安齋先生已說過，白鬍子很難剃，而這位又因為長度的關係，好像真的很硬。中途更換三次剃刀，含耳毛、鼻毛在內，花了將近八分鐘才剃完整張臉。

把油抹在如此修整好的遺體的臉上，再加上一層用調色盤調好顏色的粉底。我原本一直覺得「男性不需要化妝吧？」但眼看著氣色逐漸好轉，我馬上改變想法：「絕對需要粉底。」

用乾洗髮洗頭，用梳子梳頭，更進一步像理容師那樣讓頭髮倒豎。

「是今天特別嗎？」

「不是，每次都會做。頭髮蓬鬆蓬鬆更帥氣呀。你說是不是？爺爺？」

當水野女士做完臉部和頭髮的護理，同步作業的木佐貫先生也將全身到處擦乾淨了。老先生全身裹著浴衣（八成是醫院的睡衣），只有手沒套進袖子裡。局部部位放上棉花，迅速穿上紙尿布，兩人合力幫他換上白壽衣。套上足袋、袖套和綁腿，裝有六文錢的頭陀袋收在胸口，然後放進棺木，「爺爺，請您好好安息。」說完便送回指定的冰櫃。

據說，因為我的參觀比平常超出大約十分鐘，整個過程約四十分鐘。

「大部分都是我一個人獨力進行這一系列的作業，但昨天我在年終餐會上遇到木佐貫，他今天正好有空，所以就請他來幫忙。」

兩人都曾在札幌納棺協會這家專門幫人入殮的公司服務，是「師徒關係」。那天，我們開了很久的車，下午又去了另一處喪家入殮（在五位家屬面前進行和上述幾乎一樣的過程，除了臉部修復是關上拉門在家屬看不見的隔壁房間進行之外），傍晚陪同去木佐貫先生前一天負責的殯葬會館「維修」（為隨著時間推移而變色的皮膚化妝），之後並請他們接受我的採訪。

「我曾聽人說，外科護理師『手術當天會莫名地想吃牛排』，兩位是否也有過這樣的心情？」

兩人異口同聲對問這怪問題的我說：「這種感覺我懂！」，「可是，今天不太一樣。今天想吃涮涮鍋。」木佐貫先生說道，並笑了笑。我先把車停去辦公室放，回來後走進一家餐廳，一邊喝著啤酒、吃著涮涮鍋，一邊聽他們的故事。

前面漏寫了，水野女士的五官長得很像女演員原田美枝子的年輕版，身高一百七十公分。個子比水野女士矮，體型略顯富態的木佐貫先生則神似棒球選手工藤公康。兩人都穿著「比喪服明亮一點」的黑色服裝。

水野女士據說是在二〇〇二年進入札幌納棺協會，從事遺體修復和入殮工作已十多年。二〇一一年自立門戶，以「大體化妝　結華」的商號在東京北區設立辦事處。

「我一直相信這份工作是我的天職。每天都很充實。一個月只要休假超過三天，身體的節奏就會亂掉，而且我也不需要休更多。」

澀谷人，二十多歲時的職業是銀行員、賭場荷官等。三十多歲時寄居在老家，為了自力更生，透過職業介紹所尋找有供宿的工作，結果只有「旅館的女服務生、柏青哥店員、葬儀社三種選擇」。她進入一家中等規模的葬儀社，承辦過葬禮也做過銷售。雖然覺得工作有意義，但「必須把宗派間的差異等背下來，不僅範圍廣泛，靈堂布置也是體力考驗，當時很少女性從事這一行」，因此一年多後她就離職。但「因為想待在殯葬業的『貼近遺屬心情』這一塊」，於是換到剛從札幌進軍關東地區的札幌納棺協會工作。那是在札幌納棺協會因為在電影《送行者》中擔任飾演納棺師的本木雅弘的演技指導，而開始為人所知的六年前。她很認同他們「把死者當作人好好照顧」的理念。

「我對碰觸遺體毫不抗拒。即使問我為什麼，也沒有理由。我反而覺得這是在屍體上追求極致的美、會帶來喜悅的工作，很吸引我。」

那天行程排得很緊湊，中午只在車上以便利超商的飯糰果腹，所以很餓。兩人吃涮涮鍋、喝生啤酒的樣子，都讓人看了心情舒爽。他們輕鬆愉快地繼續說著。

水野女士在「師父」嚴格教導下，幾個月後便獨當一面。一天通常負責處理三到四具遺體，多的話則六具，晚上還在公司內部受訓。加入公司一年左右，她與在餐飲店認識、任職於印刷公司的丈夫結婚。據她說，「丈夫是個非常合作的平凡人」，結婚後她幾乎每天帶學弟妹回家，在家裡拿丈夫當「屍體模特兒」不斷練習。做好一切準備後便自立門戶。只有一個女兒，就讀小學三年級，據說她想培養女兒成為修復師和納棺師，已多次帶她去工作現場。

「讓在痛苦中死去的人變漂亮，好讓家屬能看著他們的臉告別。而且，拿錢的一方還能獲得對方感謝，這種工作不多吧？」

另一方面，木佐貫先生是鹿兒島人。因為以前擔任過技術職務和銷售職務的機械零件製造廠倒閉，三十歲時換工作。曾派駐中國大連的工廠擔任重要職位，但他親身體會到，只在公司內吃得開的工作很難轉行。他把「找一份不會朝不保夕的專業工作」記在心上，經常跑職業介紹所，過程中認識到「禮儀師」的存在。「我誤以為札幌納棺協會是葬儀社而跑去。」他笑道。

「我很膽小，連鬼屋都不敢進去。我第一次看到屍體時非常害怕，心想：『這太扯了』渾身發抖，但被水野姊做事俐落的樣子『收服了』。半年過去我也開始覺得：『這就是男人畢生的事業』。」

木佐貫先生表示，自己現在仍然會害怕。一人獨自作業中會跟屍體「說很多話」，藉以克服恐懼。跟屍體打招呼：「早安，我是木佐貫」，「您多大年紀？」、「從事什麼工作？」、「家裡有哪些人？」、「興趣是什麼？」、「您的一生想必很快樂」、「您是不是生病很久了？」、「打點滴很辛苦喔」……。

「我不知道該怎麼表達，但我認為，人死去後依然是『人』。」

木佐貫先生累積了五年資歷，二〇一三年春天才剛以「彩妝天翔」的商號獨立。一個月承攬的修復、入殮案子已有十四、五件，起步很順利。

儘管聽了這些故事，但我獲准在殯儀館太平間觀看的屍體臉部修復場景震撼人心，已烙印在我腦中。果然是「了不起」的工作。

當我問：「至今為止印象最深刻的案例是？」木佐貫先生馬上掏出手機讓我看照片，說：「就是這位。」據說從保護個資的觀點，他們通常不會拍攝遺體照片，但這是徵得遺屬同意後拍攝的，作為資料用。

「這位因為喉頭癌，鼻子都碎了。」

很悲慘地，原本應該是鼻子的地方勉強殘留一點肉塊。

「我修復成這樣。」他給我看的另一張照片上，鼻子端正而美麗。據他表示，他是參考死者健康時的照片，用大頭針之類的東西做出高度，再用油灰等物填充並塑形。這效果不遜於之前在ＩＦＳＡ（一般社團法人日本遺體衛生保全協會）他們向我展示的由防腐師完成的修復照。

「我相信家屬對與至親告別的印象會有很大的轉變。」

「不打算取得防腐師的執照嗎？」我問，兩人搖了搖頭。

水野女士在前一家公司做過防腐師的助理。有段時期也曾考慮去上防腐師養成學校，但據說因為費用和家庭因素而打消念頭。木佐貫先生則表示：「我認為防腐處理是最佳的入殮技術。但與死者家屬一起面對遺體，比只面對遺體更符合我的個性。井上小姐還沒看過我施做對吧？」展現出身為「擁有修復技術的納棺師」的驕傲。

繼續從事這份工作的決心

過了一陣子，木佐貫先生讓我參觀他獨自作業的現場。地點是豐島區的一家寺院。那天他受託在下午六點開始守靈之前進行「化妝和入殮」。

木佐貫先生提著四只黑色牛仔布材質的大包包從輕型麵包車下來，前往已設置好靈堂、排了約六十張椅子的正殿。中央有一台擔架，擔架上的遺體被白色床單覆蓋著。

「我是在五天前收到葬儀社『〇月〇日，下午四點』的指示，所以應該在冰櫃待了五天吧。」

那是一位個子矮小的老太太的遺體。靈堂上的遺照恐怕已年代久遠。頭髮蓬鬆，臉頰圓潤，但一掀開遺體臉上的白布，毫無一絲那樣的風采。彷彿血液全部流失一般蒼白的臉，瘦到顴骨清晰可見，滿是皺紋。眼睛睜得大大的，嘴巴也張開，眼睛和嘴巴都凹陷。體重看來不到三十公斤，穿著白底上畫有藍色牽牛花的全新浴衣，但纏著腰帶的腰部只有我一隻手掌張開的寬度。

木佐貫先生向老太太深深一鞠躬後，雙手合十。他手腕上的念珠和能量石手環閃閃發亮。

「她應該沒想過自己會比我先走。雖然她因為癌症住院。」

年約八十、個頭嬌小的老先生走近過來，主動與我們攀談。

「不過，她的表情很安詳。」

木佐貫先生微笑回應。應該是應酬話，但聽到別人這樣說沒有人會不高興吧。「請放心，我們將竭誠協助，讓她能夠更加安詳。」

在化妝和入殮前，木佐貫先生在我耳邊低聲說，他現在要開始迅速修復臉部。九位遺屬三三兩兩步出等候室，或坐在椅子上，或站著交談，沒什麼人特別關注我們這邊。大家都在跟往生者和老先生的曾孫玩，分別是兩歲和一歲的小女孩。木佐貫先生將往生者臉上的白布沿對角線掀半開後，展開作業。

第一步是眼睛。他微微掀起眼瞼，用圓頭鑷子夾起約一公分見方的薄棉片塞入眼瞼和眼球之間。第一次看水野女士進行這項作業時，手法俐落，只看到棉花像瞬間滑進眼裡似的。這次我感覺稍微從容一點。

「就像這樣，沿著眼球表面塞一點在眼睛的下面，上面也是。」

將一片棉花的一半塞進掀開的眼球下側，將上半部延伸到眼球上側，盡量讓它蓋住眼球表面。然後再分別在眼瞼和眼睛周圍各塞一片棉花。一眨眼的工夫凹陷便不見了。之後用指尖按一按、捏一捏周圍的皮膚，調整鼓起的狀態，讓眼睛閉上。

「我本來想在眼底打針。藥水從眼底滲透到黏膜後，眼睛就會自然閉合。」

接著，他依序將棉花塞入嘴巴、鼻子。我注意到他不僅是塞進洞裡，而是一邊轉動鑷子一邊塞進去。「不謹慎的話會弄傷。」他同樣低聲在我耳邊說明訣竅，如：「先用棉花在口腔內部做出牙齒的形狀，朝太陽穴往上至法令紋，鼻孔朝下」，動作熟練。不過，木佐貫先生耳朵周圍的髮際線慢慢滲出汗水。

嘴巴四周也豐腴了許多。他用指尖將嘴闔上。不料，過了一會兒又慢慢張開。「要不要把牙齦縫起來？」我問。

「現在不可能，得顧慮遺屬的心情。我也實在不想這麼做。」他嘟噥道，把從包包取出的東西藏在手心帶到嘴邊。連在旁邊的我也完全看不出他使用什麼工具、做了什麼事。後來才知道是用瞬間膠把上下唇黏起來。

眼睛、嘴巴、鼻子都塞入棉花後，老太太的臉胖了一圈，即使如此，眼睛下方和下巴仍然有很深的皺紋。木佐貫先生用指尖按摩那皺紋。

「啊！皺紋不見了。」

我以為我看錯，睜大眼睛再看一次，但很神奇的，皺紋消失了。

木佐貫先生徒手進行這一連串的作業。之前不是說為了預防感染，所以務必戴橡膠手套嗎？

「這裡因為有遺屬在，不可能那樣做吧？可是我做（作業中）每個動作，手都會伸進臉盆裡。」

擔架下方放了一只臉盆，盆裡裝有消毒液，他說會時常把手浸在盆裡，不過我沒注意到。

「好，請所有人集合過來。」

等最後兩位親屬到達後，木佐貫先生稍微提高音量：「不好意思，剛剛忘了自我介紹。我姓木佐貫，是納棺師。現在將為往生者進行化妝和入殮儀式。」他微笑著說。

到目前為止我看過的入殮都很莊嚴肅穆。木佐貫先生的率直「手法」讓我很驚訝。

「我想有些人可能聽說過需要為旅程做好準備，但這邊的淨土真宗告訴我們，念佛就能成佛，所以沒有必要。請想像成和登富士山一樣，即便因宗派不同而有許多山路，但山頂只有一個。由於沒有像其他宗派那樣的更衣，我們就把各位帶來的衣服蓋在阿嬤身上吧。

入殮原本是由家人來進行，現在很難這麼做，便由我們來協助。各位也許覺得不化妝也沒關係，不過，請想成是阿嬤見到佛祖時的服裝儀容。」

概略介紹了宗派的特色，並不著痕跡地宣傳一下納棺師的意義，是一段搔到癢處的開場白。之後，他在臉上塗抹乳霜，說：「我現在要開始刮臉。」說完便開始作業。

現場氣氛已平靜下來。

「人死後，頭髮和鬍子還是會長長嗎？」

「阿嬤很少化妝，麻煩您化得自然一點。」

諸如此類的提問和要求此起彼落。

對於前面那個問題，他回答：「我不知道原因。有一種假設是，人活著時靠表情肌維持的皮膚，死後便失去張力，並因重力而下塌，使得毛根露出。」對於化妝的要求，他拿出有六種粉底色調的調色盤給所有親屬看，讓親屬選擇一種最接近老太太膚色的色調，然後說：「那我就根據這個色調去調色。」並確認頭髮的分線：「遺照上是右旁分是吧？」乾洗髮完後，讓有點捲的劉海垂下來，像遺照一樣蓋住前額，然後定型。

填充物、化妝和髮型讓老太太變豐腴了，幾乎認不出來。身體的大小明明沒變，卻感覺更有存在感。

最後，闔上眼睛並畫上眼線，五官一下子立體起來。「哇，阿嬤有生以來第一次畫眼線。變成美人了。」三十歲左右的孫女愉快地這麼說。

遺屬用含有水分的脫脂棉擦拭往生者的手腳時，木佐貫先生提醒：「請各位在心裡對阿嬤說幾句話。說的時候請避免使用好難過、留下來這樣的字眼。」入殮完成，他對一邊把往生者喜歡的襯衫、開襟衫和裙子放在浴衣上一邊說「本人不在，所以不知道該挑哪一件好」的兒子說：「這些看起來是各位挑選的，但其實是您母親的聲音傳到您的心裡，是母親挑選的喔。」

以切中要點的巧妙話術取悅「顧客」讓他們心情愉快。我心想，這簡直就像街頭叫賣。木佐貫先生總計花了整整一個小時做完，離去時，兩歲的曾孫對他揮手說再見，木佐貫回應「不可以再見喔」，引來一陣笑聲。

「這是我自創的做法。畢竟人都有好惡，也曾經被人說很囉嗦，可是喜歡的人就會很喜歡。我在前一個公司時，還發生過往生者指名要我，嚇我一跳。據說是遺囑上寫到『要請我丈夫當時的納棺師來做』，是回頭客。我高興極了。如果是像她或是今天這位的情況，某種意義上可說是一生圓滿、安詳離世的話，言語的表達自然也會流暢起來……。」

那天，木佐貫先生說，接下來要前往郊外火葬場的太平間查看他前一天負責的遺體是否有變化。那是一位九天前在深山裡被人發現陳屍在車上的三十多歲男性，死因是一氧化碳中毒自殺。據他說，因自殺現場遙遠加上種種狀況，屍體一直被置放在常溫下。

「我收到家屬的要求，希望能讓他們看看臉，所以昨天花了約一個半小時，勉強修復到馬賽克狀能看的樣子。井上小姐一直說想採訪，所以我昨天本來想打電話聯絡妳，但後來改變主意沒打，因為怕妳看了會瘋掉。」

馬賽克狀是指，因嚴重受損，裝入兩層透明塑膠材質的屍袋裡再放進棺木，從棺木上的小窗往裡面看時，就像打上馬賽克一樣。「瘋掉」兩字讓我有點卻步，但我仍然請他讓我同行。

那間火葬場的太平間，和我以前去過的東京都內火葬場的太平間一樣，都被嚴格上鎖，室內排滿了十只冰櫃。冰櫃表面貼了一張紙，上頭用麥克筆潦草寫著「故○○○先生／女士　△△社管理」。

「井上小姐，妳確定看了真的沒問題？」打開冰櫃前木佐貫先生如此確認。從取出的棺木上的小窗，可以看到一張很深的豆沙色的人臉。我勉強還可以，但心裡瞬間想的是：「簡直像黑人。」沒有任何一處皮膚是淡橘色，整張臉都是很深的豆沙色，比阪急電車車廂的顏色還深。和我先前獲准在場觀看的那位嚴重消瘦的老先生又像黑又像綠的顏色無法相提並論。

「這狀態勉強能讓家人道別吧？」

總是笑瞇瞇的木佐貫先生神情悲傷地這麼說，我點了點頭。

類似馬賽克的效果不是只靠棺木上的小窗和套兩層屍袋製造出來的。他還在塑膠製屍袋的內側加了一些氣泡。有那麼一剎那，我還懷疑他是不是在呼吸。不但如此，仔細聽會聽見微弱的噗滋噗滋聲。

「氣泡和聲音？應該是皮膚釋放出的體液碰到塑膠表面吧？或者，也可能是乾冰釋放出二氧化碳。」

木佐貫先生告訴我修復前的狀態。

因為是死後第四天被發現，屍體恐怕早已開始腐爛。自殺者的屍體要經過調查和解剖。在送往醫院解剖途中，屍體被認為與某些物品產生一些摩擦，導致皮膚開始外翻，進而解剖過程中在脫掉衣服和清洗身體時剝落。又因為死者家屬的原因，屍體被留置在家裡五天，腐爛情況已相當嚴重，木佐貫先生見到屍體是在那之後。

「顏色就如妳所見，臉部和身體表皮下的真皮已露出，濕濕的。全身感覺水水的，到處都是蟲卵。」

身體部位和血液受到重力影響全都下沉。

「臉上右眼完全塌陷。正常的情況，即使閉上眼睛眼球還會是凸起的吧？根本連那個凸起都沒了，而是濕濕的真皮狀態，睫毛的毛根也立不起。看起來像鼻子的那一坨，軟骨裸露，試圖撐起肉的部分卻還是橫向坍塌。嘴和唇都濕濕黏黏的。這麼說雖然不好聽，但就像妖怪……。」

屍臭也很可怕。他先在全身噴完除臭藥水才開始作業。把塌陷的眼球提高，在眼球底下塞棉花。鼻子、嘴巴和臉頰也用棉花塑形，增加真皮層下的厚度。從左右耳到頭頂像畫一個半圓似地切開頭骨，再用粗線縫合的解剖痕跡，也仔細重縫一遍。雖然設法看來「像一張臉」了，但在那過程中，甚至現在，真皮都持續不斷出水。

「我不是說過自己很膽小嗎？……因為害怕，才會全力以赴。」

那麼能言善道的木佐貫先生此時講話卻結結巴巴。

「不然，你怕他會變成鬼出來嚇你嗎？」

木佐貫先生對於我這幼稚的問題既不承認也不否認。

「這人應該不知道自殺會變成這樣吧？」

我換個問題。

「我想，他是被逼入絕境看不見周圍的一切才會自殺……。我很想對那些想尋死的人說，在那之前請先看一下身旁……。你即使變成這樣，家屬仍然想見你一面。還有像我這樣的人，拚命設法想為你做點什麼。如果能看一下身旁……，應該就會覺得自己不孤單而打消念頭了是不是？」

依舊說得斷斷續續。

回程在車上，木佐貫先生儘管說「不願想起」，仍然把福島地震後不久，被前一個公司派去災區時的事告訴了我。

他走進成為遺體安置所的宮城縣名取市的保齡館。幾十條球道上都擺滿棺木，沒有半點空隙。來尋找親人的人們。一整天迴盪著啜泣聲。「當年戰爭結束後就是這個樣子嗎？」他心想。

「那已經不是震撼可以形容的了。棺木裡滿是泥巴，基本上沒有一具屍體是完整的。要嘛缺損，要嘛沙子深入皮膚裡，還有些屍體被樹枝或鐵棍刺穿，模樣都很淒慘。而且有一股不知道是重油味還是海水味？那不是人的氣味，是一種無可比擬的強烈惡臭。到處泥濘不堪。罹難者家屬一個個除了身上穿的衣服之外什麼也沒帶地前來尋找親人，但找到的少之又少。身分不明的屍體因為是『暫時安置』，所以會送去土葬，即將下葬的屍體也不少……。」

他讓屍體側躺在棺木中，好吐出泥巴，但怎麼擦都擦不乾淨。要換墊布，還要換乾冰。兩週來只顧著不斷重複這樣的作業，連睡覺都嫌浪費時間。「我到現在還清楚記得第二天發生的事。」木佐貫先生很難受地費力說道。

五十多歲的父親和三十多歲的女兒找到「母親」時他正好在現場，忍不住脫口說出：「請交給我來處理。」因為他想至少幫遺體抹去身上的汙泥，讓她恢復到可以見人的狀態。

「我一打開棺蓋，泥漿突然從遺體的嘴巴噴出。那泥漿混雜了重油和體液。我想是遺體內充塞的腐敗氣體與泥巴混合後噴發出來。那一剎那，我整個人壓在遺體上。」

木佐貫先生說他壓在遺體上的舉動是一種「無法解釋的衝動，像是想要保護遺體，又像是不想讓家屬看到那樣子更加痛苦」，接著又吐露：「不，不對。感覺又像是覺得抱歉，我能做的就是只這樣。」

他說他盡可能去除全身的汙泥，蓋上全新的棺被後，交給家屬，但想不出半句可以對家屬說的話。

「我一直自大地認為自己算得上是能言善道的納棺師，這下子自信心大受打擊。在那個地方，我即使會填充、會修復、口才辨給，但一點用處都沒有。我心想自己是多麼的無能為力。但同時也感受到自己還活著，決心繼續從事這份工作。我必須將這份遺憾回報給今後遇到的每一位往生者，以不辜負當年因為我能力不足而無法讓她漂漂亮亮的往生者。我一定要盡我百分之一百二十的力量，讓往生者感到幸福。」

從郊外的火葬場回到市中心花了一個半小時。在那期間，他收到兩件隔天的案子。道別時，木佐貫先生說：「如果不是在災區經歷過那些事，我大概也不會想跟人談自己的工作吧。」

第四章　防腐師們

再說一次，看到修復師們將遺體修整得漂漂亮亮，我覺得真是神乎其技。讓死去的人已變綠或是變黑、變黃的皮膚呈現「肉色」，讓鬆垮垮、合不攏的眼睛和嘴巴閉合。那是讓原本在我眼中只是「屍體」的逝者臉龐，在很短的時間內變成「遺體」、如奇蹟般的技術。

在採訪他們的過程中，我重新對防腐師感到好奇。如第一章提到的，防腐師指的是擁有執照，使用含福馬林的藥水進行遺體防腐處理的人。如同葬儀社網站首頁的記載，委婉地說，就是擁有「讓遺體恢復到接近生前健康樣子的科學防腐技術」的人，與入殮、湯灌、修復大不相同。

遺體也要動手術。我對修復師木佐貫先生說「防腐處理是最佳的入殮技術」記憶猶新。不僅是臉部，也對整副身體施展技術的防腐師，感覺是一種在精神上與遺體的「距離」比修復師更為接近的職業，同時，由於他們支付了高額學費去專門學校上課，並通過考試取得證照，相信他們也具備更高的專業意識。

在前文中也提到，遺體防腐處理是發源自美國的技術，因為需要將在南北戰爭（一八六一～六五年）中陣亡的士兵遺體長途運送到家屬身邊才開始施做。

日本最早提及防腐處理的書籍，可能是松本清張一九五八年發表的短篇小說《黑地之繪》吧？戰死在韓戰（一九五〇～五三年）前線的許多美軍屍體被以冷凍的狀態，用潛水艇從朝鮮半島載到福岡門司碼頭，再以軍用卡車運送到小倉基地倉庫的冷凍室。主角就是一名把屍體從那裡扛到屍體處理室的男人。這是讓人對社會的扭曲和不講道理，及內心深處的悔恨留下深刻印象的故事，書中如此描述美國軍醫「處理屍體」的樣子：

「軍醫用手術刀剖開屍體，取出會助長腐敗的內臟。（中略）在內臟摘除後留下的空洞裡填滿防腐劑粉末，以免進一步的衰敗。然後打開雙腿，將混合了福馬林的昇汞水注射進內旋股動脈。吊在上面的點滴瓶裡裝滿透明的淡紅色液體，那液體沿著管子注入屍體皮下。於是，死人蒼白的臉很快就恢復了生氣，呈現美麗的淡紅色。隨著容器內液體的減少，（中略）死者逐漸被注入了生命。泛紅的臉頰進一步被塗上桃色乳霜後，臉龐顯得生氣勃勃有光彩，彷彿還會打呼。」

施做的人是軍醫，所以會摘除器官，但這無疑就是防腐師，松本清張將之譯為「屍體處理」。不難想像那是根據事實寫成的故事。意思就是說，韓戰期間美國士兵的遺體在日本先被所謂的「注入生命」後，才被送回祖國的家人身邊。

「防腐處理是將解剖學的遺體保存技術應用於葬儀，從而轉化成的技術。」說這句話的是前文介紹過的《葬儀概論》的作者，同時也是葬儀記者的碑文谷創（六十六歲）。

「由於能緩和死亡後的消瘦、充滿痛苦的表情，或是傷口予人的強烈印象，在重視與死者面對面告別的北美地區，已普及到一般的葬禮。」

在美國，有些年分甚至高達九十五％的屍體都做過防腐處理，以至於國內出現一種誤解，以為「對屍體進行防腐處理是法律規定」。據說，目前的殯葬法（與葬禮有關的法律）規定：「禮儀師事前要向遺屬說明法律上未規定必須做防腐處理」。

根據一般社團法人日本遺體衛生保全協會（ＩＦＳＡ）二十周年紀念刊物《ＩＦＳＡ的二十年》的記載，在日本，川崎醫科大學的池田章教授（解剖學／現在是榮譽教授）曾在美國密西根州韋恩大學學習防腐技術，一九七四年回國後開始對解剖學用的大體進行防腐處理，並加以推廣。目的是為了讓醫師在對死於傳染病的人進行病理解剖時不必擔心染病。

葬儀社中最早開始做防腐處理的是阿爾法俱樂部武藏野（埼玉縣埼玉市），時間是一九八八年的三月。據說，在那兩年前，同公司的幾位董事去考察南加州的葬儀社，偶然認識了防腐技術，產生興趣，於是想把那套技術帶回日本。他們再度造訪，在當地的報紙刊登「招募防腐師」的廣告，錄用了三名美國人的防腐師。當然，當時日本沒有任何與防腐相關的法律、規則和條例。他們根據加州和美國業界團體的規定，制定了自主性規範對策。

同一時期，也有在美國學習防腐技術，取得該州的執照並在當地工作過，然後回國的日本人。繼阿爾法俱樂部武藏野之後，幾家葬儀社也招聘美籍或加拿大籍的防腐師，開始做防腐處理。

在此情況下，包括池田教授在內的法醫學、病理學、內科醫師、律師、生死學學者及上述的碑文谷先生共七人，於一九九三年設立「自主標準研究會」。此研究會就是否觸犯毀損屍體等罪之類的法律解釋，和進行防腐處理設施的安全標準等進行了討論。

「最初是在葬儀社進行防腐處理，費盡心思努力溝通，如為外國防腐師每人分派一名口譯。外國人的防腐技術雖然出色，但不可避免地與日本人的審美觀存在差異，像是鼻子高挺比較好，或使用含油量高的化妝品，說得不好聽一點，就是做成像蠟人一樣。多數外國防腐師完成他在日本防腐處理黎明期的任務後便回國，現在已是日本防腐師為主流的時代。」

ＩＦＳＡ事務局長加藤裕二這麼說。ＩＦＳＡ是前文提到的「自主標準研究會」擴大並在一九九四年更名之後的團體。防腐處理主要是指使用化學藥水的「保全」，但也包含臉部的「修復措施」（修復師所說的「復元」）。他們制定了詳細的自主標準，如：「需二等親以內的親屬簽名同意」、「體液等當作醫療廢棄物處理」、「愛護環境」。

要取得防腐師執照難度很高，除了一小部分的例外情況，如出國學習的人，規定必須在第一章提到的日本人間禮儀專門學校防腐師學程經過半年的課堂學習和一年半的實作訓練，畢業後並通過ＩＦＳＡ的學科和實作測驗者才能取得。順帶一提，學科測驗的內容如下：

・遺體衛生保全理論
・解剖學
・病理學及細菌學
・公共衛生學
・藥品相關知識
・修復技術
・葬禮相關知識
・自主標準及IFSA制定的各項規定、相關法規

二〇一四年的現在，IFSA認證的防腐師有一百五十七人。其中有在執業的大約一百人。有執照者和執業者的人數差距那麼大，是因為每兩年需要換照一次，一旦從現在的工作退下來，之後重返工作崗位，IFSA規定必須再考一次。

在獲得這些知識後，我再次興起訪談防腐師的念頭。也想了解技術的細節。

將血液換成藥水

「既然要換工作，最好選一個罕見的職業，而不是一份普通的工作。而且我想要去能幫助人、今後會繼續成長的行業。」

對於為什麼從事防腐師這個問題，稻部雅宏如此回答。第一章稍微介紹過，他是神奈川縣平塚市的葬儀社、SUN LIFE防腐事業部的一員。

「用手術刀在鎖骨下方切開一個小洞，從那裡用管子將調合液注入動脈。那壓力會讓血液排出靜脈……。」他為我解釋防腐的過程，是一位有六年資歷的防腐師。

他身材修長，眉清目秀，通俗的說法就是個帥哥。是個會直視你的眼睛說話的人。

「二十五歲時，我在翻閱當時服務的美容院訂閱的《AERA》還是《Newsweek》時，看到裡面登載的有點類似特效化妝的照片。那是一篇介紹日本人間禮儀專門學校防腐師學程第一期學生授課情形的文章。大概是因為我放假日會去特效化妝的學校上課，所以引起了我的注意。」

他是福島縣人。之所以成為美髮師，部分原因是他從國中就無比「熱愛服裝」，但他說：「我並沒有強烈的志向，總之就是想去東京。」在營業時間很長的美容院工作，儘管很快就被提拔為「時段負責人」，他仍然糾結著要自立門戶還是轉行，就在這種情況下去上了特效化妝學校。跟著一位受過好萊塢訓練的講師學習製作類似《猩球崛起》電影中的人猿面具，和真人大小的女性3D模型，趣味無窮。

他不是沒有「可以的話想轉行」這樣的想法，但是「在日本靠特效化妝能維持生計的沒半個」，他說。

「不過，讀了那篇報導後，發現那不是特效化妝，而是要對屍體做些什麼（笑）。而且我頭一次聽到『防腐師』，很想知道那是怎麼回事。比方說，美髮師會幫要去參加宴會的人打理得漂漂亮亮，所以如果把葬禮也看作一場活動，總不會素著一張臉演主角吧。為了用美麗的臉龐迎接人生最後一件大事，我覺得這理由很合理。」

他原本就覺得人體很神奇。從小就會忽然想到一些問題，比如：「胃分泌胃酸，但為什麼胃自己不會被溶解？」、「如果嘗試人工打造肝臟的功能，似乎需要一座巨大的工廠，然而小小的人體內卻完全配備了那些功能」，本性裡就存在這樣的好奇心。

辭掉美容院的工作後，他申請日本政策金融公庫的教育貸款，進入日本人間禮儀專門學校就讀，在那個階段，他就已確立目標：「要把它當作一生的事業」。因為他相信這是一個滿足「罕見」、「有用」、「成長性」這些期望的職業。講課內容，如微生物學等，也全都是「按照自己喜歡的方向」學習。

「作為解剖學課程的一環，我們去觀摩了醫學院學生的大體解剖，那時我會覺得被摘除器官的屍體已不算人，感覺類似標本……。然而，當我第一次見到『接下來要進行防腐處理』的遺體時，我覺得那就是活生生的人的身體。我深刻感覺到『自己終於進入到這個世界』。」

「這個世界是指？」我問，稻部先生說：「我不知道該怎麼形容。」沉思良久之後才說：「要在活生生的人體上動刀的一方。」他又想了想，繼續說：「就是會對遺體雙手合十，在心裡招呼一聲：『我是負責執行的稻部。請多多指教』，再開始面對遺體的世界。」

稻部先生說他每天在公司內的處置室，上、下午合計要「處理」兩具遺體。他為我說明程序。

遺體是由葬儀社的業務人員用擔架送來處置室。他會一邊看「死亡證明書」、記載了遺屬要求的委託書，偶爾還有遺屬提供的照片，一邊在腦中決定待會兒要如何處理。

首先用水洗淨全身，洗頭髮、修整臉部。然後調合數種藥水。在鎖骨下方，「如果是活著的人，手放上去會感覺到咚咚跳動的地方」，用手術刀切開大約兩公分。切口只有一點點深度，他說只要切開皮膚和皮膚下的組織。讓裡面的動脈露出，把金屬製、叫做「Cannula」的管子插入，注入用水稀釋到二、三％的福馬林等溶液。

「人體內流動的血液大約有四、五公升。而心、肝、胃等的器官裡也含有血液，所以很難全部清除，但可以從動脈注入藥水，利用那個壓力把它排出，用這種方式把血液替換掉。輸入六到八公升的藥水，可以替換六、七○％的血液。」

一具屍體的防腐處理平均要花三小時。「期間會有種奇特的一體感，覺得自己與遺體同在。」他說。

「遺體不會說話，所以必須去體察它的感受，會有類似這樣的心情。當藥水循環到身體各個角落時，臉色會出現很大的變化，也會比較有彈性。不過，也有些人因為動脈很細、血栓等的原因，使得藥水無法循環到全身。一旦發覺流不到腳部，就會再做一個切口，從鼠蹊部注入藥水。」

切開的小口要仔細縫合。胸部或腹部積水的人，會在那部位插入一支帶管子的大針，叫「套管針（Trocar）」，把水引流出來。換穿上白衣或是家屬帶來的衣服後，開始修復臉部。有時候為了提高下陷的眼瞼、眼球，還要裝上一種類似隱形眼鏡的「眼罩」，或是縫合牙齦。最後為臉部化妝，梳整髮型。

「以前美髮師的前輩告訴我『如果你心中有顧客，一定能做出你要的效果』。不能把自然捲、髮質差拿來當藉口。只要你懷著『無論如何一定要讓他變漂亮』的強烈願望去挑戰，連一些細微之處都注意到，那麼一定能做出你期望的樣子。我覺得防腐處理也是同樣的道理。」

稻部先生說，從事美髮師的五年感覺很長，但是成為防腐師之後的六年卻是一眨眼就過去。

我提出「希望能用文組的腦袋也能理解的方式，為我講解遺體的變化和防腐處理，可以的話也希望能讓我看看那現場」的請求，希望採訪的另一位是公益社（東京分社，總社位在大阪）東京防腐中心執行長兼大阪防腐中心執行長的宇屋貴（三十七歲）。二〇〇三年秋天創校的公益社殯葬理學院（位在大阪，目前停招），比日本人間禮儀專門學校防腐學程早了一年半，他是第一期的學生，二〇〇五年九月取得執照，是在國內學成的防腐師先驅之一。

他一開始有些拘謹。先投出一記牽制：「我講了這些事，如果讓人覺得遺體很髒、很可怕，甚至激起對殯葬業的偏見，可就麻煩了。」然後才說：「不過，我認為擁有正確的知識很重要。」開始為我說明。

「從死去的瞬間開始，就備齊了一切病菌或細菌等的繁殖條件。如果放著不管，在三甲胺和硫化氫的作用下，隔天就會發出像是混合了腐爛的洋蔥和蛋的臭味，及阿摩尼亞的臭味，這很自然。」

人體由細胞組成。細胞內有七〇%水分，其次是蛋白質，占二〇%。蛋白質幾乎存在於所有器官，如肌肉、內臟、皮膚、頭髮等。蛋白質是由「無數的胺基酸鏈結而成」，一旦不再需要維持生命，這些鎖鏈自然會一個一個斷開。細菌等也會助長這個過程。

因此，「胺基酸的鎖鏈會逐漸斷開、氣化」。固體狀態下無臭的東西，一氣化就變成難聞的氣味。胺基酸鏈一旦斷裂就不會再恢復。據說這跟「生雞蛋煮熟後就無法再變回生雞蛋」的原理相同。

「固定體內的蛋白質，增強還連著的胺基酸鏈強度，以避免這種情況發生，這就是防腐液的功效。防腐、殺菌、修復三種功效。」

從動脈注入的藥水經由血管傳遍全身，並滲透到微血管。它會發揮固定蛋白質的作用，從而防止腐敗。除此之外，血液也會引起腐敗，所以也要從靜脈排出。原來如此，雖然不像《黑地之繪》中的軍醫那樣摘除器官，但防腐師所進行的手術相當於醫師。

宇屋先生的語調溫和而緩慢。通常口語會主詞、述詞不明確，或重複同樣的內容，但他簡單易懂的解釋，幾乎可以原封不動地寫進稿子裡，可見他用詞之精確。是因為他受過客觀審視自己職業的訓練嗎？

我想親眼見識防腐技術的實際施做。但遭到宇屋先生斷然拒絕。據說是ＩＦＳＡ的規定。好不容易才獲准在「遺體不在裡面」的情況下，參觀公益社在東京都內的防腐處理室。

嚴格上鎖的門一打開，是一間大約十平方公尺大的房間，用來進行準備、化妝、更衣，接著又是一道上鎖的門，門後就是被白牆包圍、約十五平方公尺大的處理室。

一個會接連幾天有多具遺體被運進來的地方，就如同醫院的太平間。更何況還是對遺體動手術的地方。我不會說空氣中充滿了「靈」，但我原以為可能會感覺到某種凝重的氛圍，結果只是我的杞人憂天。就是一個如手術室般潔淨、功能性的空間。

大燈下，兩張被稱為「防腐處理台」的不鏽鋼床微微傾斜地擺著，牆邊設有一台邊長約四十公分的四方形箱型機器。

「這是防腐處理機，在裡面裝入藥水再送出。像是心臟那樣的幫浦。心臟收縮時會『咚咚咚』地一口氣將血液送到肺和全身，就是那樣的作用。」

我問：「所謂的藥水就是福馬林是吧？是不是有多種顏色，再從中調合出適合遺體皮膚的顏色？」但這是我過於簡化的推論。

櫃子裡排放著十五種左右五顏六色、由美國Dodge公司製造的藥水瓶。不過，當中福馬林占不到一半。

「藥水的功效包括緩衝、保濕、界面活性、保存、抗凝血、水質調整、消毒、組織修復、溶媒、防黴等。與保存直接相關的成分是福馬林，但戊二醛、乙醇、高分子聚合物類等的成分也不可或缺。」

原來「調合」指的不僅是顏色的調合，也指成分。接著，他更進一步提到「稀釋（用水稀釋）」一詞。

「可想而知，每個人的狀況不一樣，所以稀釋比例也要根據年齡、外觀、性別，還有死後經過的時間來決定。比如說嬰兒。嬰兒身體的含水比率很高，幾乎可以說是用水做的，必須將藥水稀釋，稍微有點濃度就行了。」

而且，稀釋又分為注入前調合階段的「一次稀釋」，和注入後與體內水分混合後變淡的「二次稀釋」。以水分含量多的小嬰兒來說，要先設想「濃度在體內會不斷被稀釋」，而且手術後會被父母抱在懷裡而「處於高溫環境下」，然後再決定濃度，宇屋先生說。前文也提到，溫度高會加快腐敗的速度。

機器表面有「Pressure（壓力）」和「Flow（流量）」兩種刻度。一旦檢查出因動脈硬化等導致血管阻塞或有血栓形成，就會調整壓力和流量，如調成高壓、低流速，他說。像這樣經過幾個階段調整的藥水，從機器穿過管子到達裝在管子前端的套管針後，以適當的壓力、流量注入屍體的動脈。

「在注入階段，要同時盯著三件事：屍體全身變色的情況、機器上壓力和流量的數字、血液從靜脈排出的情況。如果全身皮膚的顏色迅速偏紅起來，壓力表的數字和排血情況也OK的話，那很好，但如果腳底的顏色沒變，或是變斑駁，那可能是腳底的血管有栓塞之類的，或是血管破裂，或有什麼問題。這種時候，第一步就是按摩。按摩後仍然沒有改善的話，有時就會在鼠蹊部再切開一個小口，從那裡注入藥水。」

「切開後就能順利找到動脈嗎？」

「是啊。白白的，像烏龍麵的感覺。裡面如果是空的就會扁扁的，但有彈性。藥水通過就會膨脹起來。藥水經由血管被送到全身各個角落，到達腹腔壁、內臟和微血管。而原本的血液會透過靜脈排出去，就是這樣的機制。」

防腐處理台微微傾斜就是為了讓從靜脈排出的血液自然流下。

「把血液替換成藥水……。某種意義上，可以想成像人工透析的感覺嗎？」

「嗯，確實是這樣。」

順利完成後的縫合據說也要視個別狀況決定，看是採用「棒球縫線」，像棒球那樣緊密縫合，或是皮膚表面不會看到縫線的「藏針縫」等。

除此之外，如果胸腔或腹腔積水還要抽出積水。讓眼睛和嘴巴閉合，修整臉部。因車禍等導致臉部嚴重損傷的情況，要用專用的蠟來修復。

從靜脈排出的血液和抽出的體液經過多重過濾後，當作醫療廢棄物由專門業者回收。據說，業者回收到最終處理所有過程都會清楚記載於記錄表。和醫院完全一樣。

想當然耳，處理室是一個寂靜的空間。一絲不掛的屍體躺在這裡——我在腦中如此摸擬著。

「這是和屍體一對一的工作。」

我脫口說了句奇怪的話。

宇屋先生帶著一副「不用說我也知道」的表情苦笑了一下，「包含在這裡做的，我每天會見到二十具左右的遺體。」他目光望向遠方，接著說：「我來告訴妳印象最深刻的一次經驗吧。」

「我曾經連續處理兩個和我同一輩的人。一個是久病之後，變得消瘦而死去；另一個是自殺。兩人大概都是跟我聽一樣的音樂，喜歡同一個偶像，看同樣的電視劇，走過同一個年代呼吸同樣的空氣的人……，一想到這裡我就受不了。不知不覺間，我發覺自己竟然邊動手術邊碎碎念，對久病之後死去的人說：『你已經非常努力了，了不起。』

對自殺的人說：『為什麼不能再多撐一下？有人想活卻沒辦法活下去喔。』讓我對生和死究竟是怎麼回事想了很多。」

和剛才口齒清晰的說話方式完全相反。語氣變得很沉重。

「與病魔對抗而死去的人，自我了斷的人，還活著的我……。在那之前，我一直覺得人活著是理所當然的事，而死是特別的，但我開始認為其實相反，活著是一件了不起的事，是值得感恩的事。我不知道該怎麼說，但我覺得，如果有人想死，就來我這裡，看看屍體，看我們做屍體防腐處理……。至少，防腐師會拚命為眼前的人著想，他不是孤獨的。人總有一天會變成屍體，這是很自然的事，所以我更能體會活著是多麼值得感恩的事。」

宇屋先生滿懷情感、結結巴巴的話語，感覺被吸進了白色房間裡。

為免拖延死亡

「其實我當初是下定決心，無論如何都要成為防腐師。因為高中時代我失去了三位好友。」

我問他自願成為防腐師的動機，宇屋先生於是換了個地點，在接待室如此對我講述起來。因為感受到「死亡」離自己很近而進入這個行業的人實在太多了。據他說，第一次是在他國中二年級時。

他出生於一九七七年，在大阪府內長大。小學高年級開始上補習班，並報考私立中學。被認定「一定會考上」的他卻不料落榜，「看到母親失望的表情」於是下定決心：「好！我要用功讀書。」他在當地一所國中日復一日努力用功時，身旁有位「調皮搗蛋」的兒時玩伴。自己無法調皮搗蛋，就因為這樣，他們成為好朋友。

「那位好朋友在一場機車車禍中去世，我透過聯絡網得知消息後趕去參加守靈夜，不料他的母親懇求我『不要看他的臉』。我雖然不從：『我是來靈堂祭拜的不是嗎？我就是來見他的。』但她堅決婉拒。後來我才知道，因為他掉落懸崖，臉都摔碎了。」

見不到面的別離太痛苦。了解情況後，他沸騰的怒火轉向其他人。

「葬儀社的，你們在幹什麼！趕快想想辦法啊！必須想辦法解決讓我們可以見他一面吧。」

幾個月後，他無意間打開電視，看到「美國防腐師首次在日本進行防腐處理」的新聞。「居然有這麼厲害的技術！」他心想，大為震驚。「當時如果有這樣做，我就能看著他的臉說再見了。」於是十四歲就下定決心「將來一定要成為防腐師」。

然而，當時網路並不發達，他無從得知要如何成為防腐師。問老師也不知道。他模糊地認為，去到美國應該就有防腐學校吧。

「就在那之後，又一位好友去世……。」

考上頂尖的私立高中後不久兩人就成為朋友，是一位喜歡漢詩的朋友。常常寫信給他，分享自己創作的五行詩。

「去世前一天的晚上我們才在電話裡聊天，沒想到他去爬山出現高山症而突然去世。那位朋友的葬禮同樣婉拒哀悼者瞻仰遺容，據說是因為臉部嚴重瘀血。」

失去第三位好友也是在他就讀高中時。他與這位死於白血病的朋友也因「久病變得很憔悴」的理由，沒能面對面告別。

「我理智上能理解好友們的離世，但就是無法接受。到現在都還無法理清思緒。會懷疑他們的死是騙人的。每當到了寄送賀年卡和夏日祝福的季節，仍然覺得好像會收到他們寄來的明信片……。」

升上高三，在決定未來要走的路時，他試圖告訴父母「我想成為防腐師」，但覺得會遭到反對於是緘口不語。後來進入大阪大學就讀。

「我在人文科學院主修人間形成論，但即使眼界變寬，想成為防腐師的心意依舊不變，國二時在電視上看到的防腐處理影像是支撐這個目標的唯一動力。畢業後，我為了去美國學習防腐技術，動機不純地進入『相近』的行業——葬儀社——工作存錢。」（人間形成論：運用教育人類學的研究方法，研究雙重意義〈個體和身為人類〉之人的成長和發育階段，及一生〈包括個體的一生和人類的一生〉的形成過程。）

之所以在為數眾多的葬儀社中選定公益社，是因為他好友們的葬禮就辦在公益社的會館。

就這樣，二〇〇一年他進入公益社工作。公益社創業於一九三二（昭和七）年，是家老字號的葬儀社。在他進入公司的七年前（一九九四年），於大阪證券交易所新二部上市，是全國殯葬業者中第一家上市的公司。宇屋先生一開始被派到葬禮現場工作，他回憶道：「殯葬工作比我想像的要深奧。」

當時還是採取「看著前輩背影學習」的方式，猶如傳統的匠人世界。前輩們去喪家討論事情，他第一件要做的就是把門口零亂的鞋子排整齊。他被教導：「做葬儀社的就是要對喪家多少有一點幫助。而且，從鞋子可以看出家裡有哪些人。」前輩們進了喪家也不會馬上開始談事情，而會先跟小孩或寵物玩，製造易於談話的氣氛，試著從閒談中問出逝者的喜好。

「比方說，如果知道往生者有在收集飛機模型或旅遊地點的小旗子，就會暗自準備，悄悄布置在葬禮會場。我向前輩們學習，也去尋找能讓遺屬高興的事情。」

他跟我分享一個令人印象深刻的場景。

他說，曾在某個喪家無意中聽到一位高中女生喃喃說：「阿公，我們說好要一起去ＵＳＪ的呀。」於是趕緊跑去買ＵＳＪ（日本環球影城）的門票。葬禮上，在裝滿鮮花的棺木即將蓋上前，對他說：「到了天國，請拿這張票和孫兒一起去ＵＳＪ吧。」並讓遺體把門票握在手中。家屬看到那光景後放聲大哭，一再向他道謝。

「葬禮最重要的意義在於，那是家屬與心愛的人一起度過的最後時刻。我意識到，葬儀社就是策畫並提供那樣時刻的『綜合性演出業』。」

這讓他更相信長久以來始終珍藏在心裡的遺體防腐技術可以成為「綜合性演出」的一大支柱。宇屋先生一直在找「離職去美國」的適當時機，但不知道是不是心想事成？公司決定專為日本人開設一所防腐師培訓學校（公益社殯葬理學院），於是他便「抓住了這個機會」。

公益社在宇屋先生進入公司那一年，也就是二〇〇一年，招聘外籍防腐師，成立遺體防腐中心。根據「燦控股公司」（公益社的母公司）前社長吉田武先生投稿《ＩＦＳＡ的二十年》的文章中寫到，他們最早引進的真正目的是「履行保護員工及其家人免於職業感染風險的義務」。

一名員工罹患嚴重肝炎，餘日無多時，吉田先生去探望他，他說：「對於我們做這行的，這是沒辦法的呀。」在員工的認知裡，肝炎是一種職業病。儘管「無法想像是工作上的感染」，但據說公司對於當事人這樣的理解，嚴肅看待。當時ＳＡＲＳ（嚴重急性呼吸道症候群）席捲全球，禽流感也在媒體上引起熱議，那是感染防護開始為人重視的時期。而且，這個遺體防腐中心將會成立自己的培訓學校。

宇屋先生那一屆有九人，年齡分布從二十一歲到三十七歲。以臨床醫檢師等具有醫療相關背景的人，和跟宇屋先生一樣在葬儀社工作過的人居多。兩年全日制。上午九點到下午五點，課表上排滿了理論課和由外籍防腐師指導的實作課。

「入學時我心裡還是會擔心，覺得或許去美國學習比較好，但每天都有一堆課題，多到根本沒空去想那些事。」

他說，和準備考大學同樣的學習量持續了兩年。

「那時還沒有正式的日文教材。大家卯足全力，想在第二屆學生入學前做出來。防腐理論和解剖學等都是從來沒學過的領域，學習方法未確立，吃了不少苦頭。」

通過ＩＦＳＡ的測驗後，二〇〇五年秋天，宇屋先生在二十八歲時實現了成為防腐師的夢想。他將「減少像自己這樣因見不到最後一面，而對親人或摯友的離世一直放不下的人，哪怕只減少一個也好」作為自己的使命，並謹記在心。從那之後，九年來，他平均每個月做二十～三十具屍體的防腐處理，總共處理了超過兩千具的屍體。

宇屋先生的採訪長達四個小時，過程中他的手機有四通來電。電話裡的人說話很大聲，連我都聽得到他們不斷說著「多虧了您」、「謝謝您」。

宇屋先生則說：「我才要謝謝您。」同時低頭行禮，雖然對方看不見。並回應：

「希望您沒有累到……。」

「有空時請您一定要休息……。」

那是他當天早上八點從成田機場送走的印尼人相關人士打來的感謝電話。

視國家和航空公司而定，據說在日本死亡的外國人送回母國時大部分都經過防腐處理。防腐師要在「遺體防腐證明」（記載添加了多少毫升的甲醛以確保防腐）以及「包裝內容證明」（表示棺木內除了遺體和衣服以外沒有任何其他物品）上簽名負責。

「遺體屬於航空貨物。我們雖然當作人來處理，但客觀來看就是物品。當棺木被當作貨物裝載時，我有種難以言喻的感受。」

防腐技術在國外也備受期待，最後宇屋先生斷言：「我認為今後國內對防腐技術的需求只會愈來愈多。」

「因為遺體的狀態近十年已出現變化。在醫學的進步下，長期抗疾的人明顯比十年前增多。這樣的人使用了很多如點滴等的藥物治療，所以氣味很重，我的感覺是腐敗得很快。而且感染的可能性很高。然而，葬儀社的人十年前完全不把防腐處理當一回事，現在終於漸漸意識到。醫療相關人員中也有不少人還不了解遺體防腐技術，因此我認為提升認知度是當務之急。」

黃金比例是基本

我用雅虎搜尋「遺體防腐處理」，結果找到約十七萬筆資料。除了IFSA的網頁之外，幾乎都只是當作禮儀公司的營業項目介紹。「這是一項科學技術，讓人更接近健康時的模樣」，全是諸如此類的抽象式描述，很難了解實際情形。目前還算不上普遍認知度很高吧？

「不時會有醫院找我去演講，即使是遺體照護的護理師，還是有很多人不了解防腐處理。」

說這句話的是宇屋先生的學妹、有五年資歷的防腐師川口梨繪（三十四歲）。自己本身以前也是護理師，會知道遺體防腐處理是八年前她在阪神間一家綜合醫院的消化外科任職時，一位「處於死亡邊緣」的病患告訴她的。

「我工作的那棟病房有許多病患是曾經因為癌症等動過手術，平安出院，但幾年後復發又回到醫院，直到『死亡才出院』。有一次，一位被宣告只剩三個月生命的三十多歲女性忽然對我說：『如果我死的時候，臉上看起來很痛苦、悲傷，我想我的家人和未婚夫一定會哭的。所以我才會考慮做防腐處理。』那時我連防腐處理都沒聽過，忍不住反問那是什麼？」

如果是從第一次手術時就認識，往來很久的病患，每一位她都會「投入感情」。然而，原本像親人那樣對待病患，比如更衣時會對病患說「請側向一邊」、「我要脫下袖子喔」之類的，但病患一旦去世，前輩中有些人的態度就會突然改變。她目睹了遺體被不發一語且粗魯地當作「物體」對待，儘管試圖說服自己那麼做是為了提高效率，但太痛苦了。心情還沒能轉換前，「死亡出院」的時間已逼近。想要掩飾遺體面容的憔悴和變色而胡亂塞入棉花，塗上厚厚的粉底，為遺體化妝，但成效不佳……。

她說，得知遺體防腐處理這項技術是在她照顧了多位病患，「心裡累積了許多不舒服的感受和疑問」之時。川口小姐離開服務五年的醫院，幾個月後，她做了一個決定，二十七歲時進入公益社殯葬理學院就讀。

「在學校非常快樂。光是一個解剖學就跟我在護理學校學的不一樣，在護理學校要背一堆器官的位置和名稱，而在這裡還會學器官為什麼在那個位置？是什麼作用讓它與其他器官有關連？令我茅塞頓開。而且還能學到悲傷照護，現在成為我的一大助力。」

川口小姐告訴我如何打造「符合逝者本色的臉」。做成「安詳的臉」是不成文的規定，為此自然有套法則，她說。

「修復學會學到臉的『黃金比例』是基礎。當我們將把人的臉水平平分成三塊時，頭頂到眉毛上方、眉毛到鼻子底下、鼻子底下到下巴各自是一：一：一。臉的寬度是眼睛寬度的四到五倍，假設左眼寬度是一，左耳到左眼、兩眼之間、右眼、右眼到右耳便等寬。另外，嘴角的位置在左右黑眼珠的中心線上……等，以這樣的黃金比例為基礎，盡量更接近那人的樣子。」

不過，她也說，不同家屬對於「那人安詳的臉」會有不同的想法。

「比如，當眉間有直線皺紋時，人們通常就會覺得看起來很痛苦對吧？然而，有時家人會覺得有那皺紋看起來才像死者，去除皺紋不見得總是好的。笑的時候有人嘴角下垂，有人嘴角上揚。也有人本來就不笑的，所以我會去想法令紋和皺紋是怎樣形成的。參考跟家屬借來的照片，決定要去除或是保留多少。粉底和口紅也不是明亮的顏色就一定好，有時增加與年紀相符的『暗沉』會更自然。並且要依據皮膚的乾燥情況正確使用遺體專用的化妝品、舞台用，及活著的人用的化妝品。」

不僅是注入防腐液的處理，包括讓臉部恢復血色的進一步化妝，都有數據上的支持。不但如此，「對於因車禍等造成顱骨骨折、塌陷的人，要像拼圖那樣把骨頭碎片組合起來。不能是中空的，即使看不見，但骨架在不在，會完全改變這人的特徵。」聽到她這麼說，我不禁心想：「多麼深奧的世界啊。」

川口小姐繼續告訴我一個令人印象深刻的化妝例子。

「我永遠不會忘記我負責處理的一位二十出頭、在旅行途中意外身亡的女孩。據說她在醫院住了大約一個星期，因為點滴的關係，臉部嚴重浮腫，已經完全看不出生前的模樣。」

經過防腐處理氣色雖然有改善，但很難消腫。她說，這和「裝豆腐的盒子裡用來緩衝的水可以去掉，但豆腐本體裡的水沒辦法在短時間內去除」是一樣的道理。防腐處理後，那女孩被安置在自己家數日，川口小姐每天去觀察她的情況。

母親起初說「她不是一個喜歡化妝的孩子」，對化妝不感興趣，但在川口小姐為女孩上淡妝、整理髮型的過程中，不知道是不是心理作用，腫脹也不像先前那麼明顯了。母親一天一天平靜下來後，改變心意說：「我看還是幫她打扮得漂漂亮亮的吧。」

「告別式前，母親把女兒的朋友們找來，說是要一起幫女兒化妝。朋友們邊聊著『○○是這種感覺對吧？』、『這是我們一起買的眼影』之類的話，邊淚流滿面地一起幫女孩化妝。女孩雖然在家不化妝，但出門是會認真化妝的呢。父母跟我說：『我們認識了以前所不知道的女兒。』而我為他們創造了那個入口。」

我問：「妳作為一個防腐師所看到的死亡，和妳當護理師時所看到的死亡不一樣嗎？」我突然驚覺，作為一個聽眾，這是個不恰當的抽象問題，然而川口小姐毫不遲疑地回答：

「當護理師時，死亡是獨立存在的，但現在不是。現在我開始相信，沒有無意義的死亡。」

意思是，護理師時代她只關注死去的病患和家屬；而現在，她認為一個人的死亡會對很多人造成影響，川口小姐如此補充。還說：「哪怕只是三小時，我也從那人身上學到了防腐技術。」這讓我聯想到修復師木佐貫先生說的「拚命設法想為你做點什麼」，和宇屋先生說的「防腐師會拚命為眼前的人著想」。

「那人的存在，連素昧平生的我都深受影響了，這不就表示他確實活過，在各種場面觸動了許多人嗎？人，真的很厲害。我會覺得，死亡不是獨立的存在。」

「死亡不是獨立的存在」。川口小姐的話咻地進入我腦中。這應該不是特別針對防腐處理，而是一種概括性想法，但沒想到我從別處聽到了似乎讓此話的意義更加清晰的故事。我請一級禮儀師杉永朋子（三十六歲）提供我一些遺體經過防腐處理的葬禮實例。

一位失去妻子、四十歲後半的男人透露出他的遺憾：「我工作很忙，太太生病期間沒有足夠的時間陪伴她。」夫婦倆膝下無子。在殯儀會館舉辦的守靈儀式順利結束後，杉永小姐建議男人使用遺體安放處隔壁的房間，並告訴他「您想摸摸她也沒關係喔」，說完便離開。男人眼睛滿布血絲、肩膀垮下來的模樣令人看了不忍。不料——

「我隔天早上過去時，他的表情和前一晚完全不同，變得開朗起來。」

「您今天的氣色不錯。」她一這麼說，得到了意想不到的回答。

「其實，昨晚我看著我太太的臉，忽然很想和她待在一起，於是把自己的墊被帶去太太旁邊，在同一個房間裡跟她說話，說著說著就睡著了。」

他不再對妻子生病期間讓她感到孤單而覺得內疚。「如果仍然是一臉因病憔悴的樣子，我想他應該不會有和妻子共度一整晚的念頭吧。」杉永小姐說。

與丈夫（六十多歲）齊心協力長期對抗病魔，最後失去丈夫的女士，情況則有點複雜。丈夫是企業界的名人，生病期間表示「不想讓家人以外的人看見自己虛弱的樣子」，婉拒熟人朋友的探視，急劇消瘦而逝。

「兒子要求我們做防腐處理，於是恢復了健康時的容貌，但太太一看到就說：『那不是我先生。』我想，對那時的太太來說，晚年消瘦的模樣才是對自己敞開心房的真正的丈夫。我……不知道該對她說什麼。」

葬禮遵照遺囑低調辦理。杉永小姐始終對那位女士說的話耿耿於懷。時光流逝，一周年忌日前，杉永小姐打電話過去，得到這樣的回應：「我一直很後悔當時說那句『那不是我先生』讓妳感到不舒服，真是抱歉。」

那位太太說，隨著時間推移她回想起來的是「最後告別時丈夫健康的臉龐和快樂的回憶」。

「有時先生的朋友也會來家裡，大家笑著聊他的往事。」

她用愉快的語氣這麼說。杉永小姐心裡暗自得意了一下，說：「果然，推薦他們做防腐處理是對的。」

「失去心愛的人的痛苦無可計量。但是，如果能讓他以看似健康的面容踏上旅程，遺屬就會更容易想起他生前的快樂時光，如同這幾位的情況一樣。遺體防腐處理的力量非常巨大。」

掌控告別的時間

「也許是自我滿足，不過，每當我幫一個嚴重黃疸或出現屍斑的人恢復皮膚的顏色，或是讓一個骨瘦如豺的人恢復無苦無憂的面容，懷著自信交給遺屬時，我便深深慶幸自己能成為防腐師。」

這麼說的是位於愛知縣一宮市的「Noiri」公司的社長野杁晃充（三十七歲）。這是一家歷史悠久的公司，創始於一九一二（大正元）年，以製造殯葬用品起家，總社位於JR、名鐵一宮站附近的鬧區。二次大戰後不久便涉足殯葬業，野杁先生已是第四代。大學畢業後，他任職於東京一家外資顧問公司，祖父病倒之後接手家族的生意，並赴美學習遺體防腐技術，自己就是位防腐師。

「也是因為父親的建議，我覺得只是坐享其成的話不會有未來，所以決定繼承之前先去學習國外的殯葬文化。在美國，禮儀師和防腐師的執照是一併取得的。似乎每個州不一樣，但我實際經歷過的奧勒岡和芝加哥的制度是像日本一樣，不分業，自己進行防腐處理的遺體，要連葬禮一起全程負責。」

這和我先前採訪SUN LIFE社長竹內先生時聽到的一樣。竹內先生是將屍體防腐技術引進日本的先驅之一，他說：「在美國，殯葬工作者的社會地位很高」、「禮儀師或防腐師需要有執照才能工作。」此認證標準因州而異，通常是要大學或專門學校的殯葬科（兩年制或四年制）畢業，並通過國家考試，在葬儀社有一到兩年的工作經驗，州政府才會授予禮儀師和防腐師的執照。與日本很不同的是，各州都有關於遺體防腐處理的法律，及許多州都規定執照更新需要繼續進修學習。野杁先生接著告訴我他在美國的親身經歷。

他在二〇〇二年、二十六歲時赴美，「為免四處玩樂」而避開大都會，選擇進入奧勒岡州格雷舍姆小鎮上的胡德山大學（兩年制社區學院）就讀殯葬科。同一屆有二十人左右，年齡分布從十八歲到約五十歲，男女大約各占一半。多數是從小就在家裡幫忙的葬儀社後代，或曾在葬儀社工作過的有經驗者，只有野杁先生一位日本人。課程包括防腐理論、化學、解剖學等的理科科目，以及心理學、宗教學、會計學等的文科科目，每天都有小考。

「和日本的大學沒辦法相提並論，我拚了命地學習。」

赴美後第一次見到防腐處理後遺體容貌修復成果，和以往在日本所看到的「完全不同」，令他大受刺激。野杁先生平日空閒的時間全都在大學的圖書館度過，週末則在一家名叫Portland Memorial的公司（隸屬全美四大禮儀公司之一的上市企業）做實習生，體驗實際工作情況。

「老師是一位擁有數十年經驗的資深防腐師。第一個實習任務是一具經過病理解剖的遺體，要從還留在體內的動脈注入藥水，可是美國人體格龐大，得翻很久才能找到動脈。我一開始要花三十分鐘才找到動脈。學校裡對於防腐師的處置，有人的『合格線』很高，有人很低，聽說低的人很快就會被市場淘汰，我心想，真不愧是美國。同一屆中有幾人中途便跟不上了。」

野杁先生的努力有了代價，以第一名的成績（全A）從殯葬科畢業。雖然可以選擇在他曾經實習過的奧勒岡州的葬儀社工作，但因西岸簡化宗教儀式的關係，遺體防腐處理的比率逐漸降低，因此他毅然決定搬到美國中西部伊利諾州的芝加哥，尋找當地可實習的葬儀社。

他帶著履歷跑遍全芝加哥的葬儀社，大約一個月後，Glueckert這間家族經營、和在地關係緊密的葬儀社接納了他。他以實習生的身分去醫院接遺體、進行防腐處理、與遺屬會商、製作文件、布置禮廳、主持喪禮，甚至見證土葬過程，體驗了一系列的實務工作，一年後成功取得伊利諾州防腐師和禮儀師的執照。

「對逝者的『愛』，美國和日本皆然，但對遺體的執著卻不同。日本有類似『陪伴遺體是一種愛的表現』的觀念，但在美國，遺屬在醫院辦完手續就回家了，下次見到遺體是幾天後的葬禮當天。既沒有將遺體帶回家的習慣，葬禮前也沒有人會去探視逝者。我想這就是文化差異。」

正如日文漢字寫作「通夜」（即整晚、徹夜的意思）的守靈習俗，即守在遺體旁徹夜焚香、點蠟燭，好讓逝者的亡魂不會迷路，平安去到另一個世界，日本文化認為，陪在遺體旁是一種哀悼方式，但美國沒有這樣的文化。因此，美國沒有類似日本的「三小時規定」（三小時後應完成防腐處理將遺體歸還家屬），對防腐師來說是很好工作的環境。去家屬已離開的醫院接遺體，運送到葬儀社的防腐處理室。花五、六個小時進行防腐處理後便留在葬儀社，保管到葬禮那天。

「藥水循環到全身有時需要一、兩天，做完防腐處理後如果讓遺體平躺，液體就會漏出。所以，也可以讓它漏，直到漏完為止。之後有幾天的時間進行維護，所以可以穩定、最好的狀態出現在葬禮上……。」

防腐處理費用內含保管費，和日本的處理費差不多（五萬～十五萬日圓）。根據野朳先生的感覺，芝加哥遺體防腐處理的比率是五〇～六〇％。是否做防腐處理與貧富差距成正比。

葬禮通常辦在教會或殯儀館的小禮拜堂，由神職人員主持。雖然要負責承辦自己進行防腐處理遺體的葬禮，但據說僅只於在葬禮的開始和結束做引導，公開「露面」的情況不像日本那麼多。

「注入藥水的手術，我想只要有人指導並累積經驗，任何人都會做。可是，優秀的防腐師在修復臉部時會關照到每根眉毛和鼻毛。眉毛、鼻毛的長度、生長方向、顏色、是否對稱……。」

「那是在日本『三小時規定』內無法達到的細膩度？」我問，野朳先生緩緩點頭，過了一會兒，神情黯淡地繼續說：

「不過，遺體不是漂亮就好。我永遠忘不了在芝加哥負責處理的一位十六歲的帥哥，是一名吸毒過量致死的孩子。藥水循環良好，遺體變漂亮了。可是，我不會說這種事無關緊要，但家屬依舊非常難過。我覺得很無力，不知道該對家屬說什麼。那是一場有八百人出席的葬禮。」

回國後，野朳先生在公司設了一間有兩張防腐台的防腐處理室，聘請兩位防腐師，成立防腐處理部門。並且，在國道二十二號沿線大搖大擺地立起高度約五公尺的看板，上面寫著大大的「遺體防腐服務」，因為他想提高遺體防腐處理的認知度。

「起初接到很多詢問：『那是什麼？』我要自我吹噓一下，我們公司在這個小鎮已贏得居民的信任，所以經過解釋人們似乎就理解了。我經常對工作人員耳提面命：『要在「三小時規定」內盡力而為』、『做完防腐還沒有結束，要不斷確認遺體的狀況並修正，直到葬禮當天為止』。」

據說，最近有做防腐處理的葬禮約三〇～四〇％，一年約五百具。

「我是傾注全力，以燃燒自己生命、賦予逝者新生的氣魄在進行每一次的處理。對於自然老去，以美好的狀態離世的老太太、老先生，我不會特意推薦他們做，但讓那些久病去世、變得令人不忍卒睹的逝者，以生前美好的模樣離開，我認為意義重大。」

二〇一四年的現在，從北海道到鹿兒島，全國有十六家遺體防腐處理業者，設施數量成長到四十六處。

聽到SUN LIFE竹內會長的描述我深感震驚，在美國竟然有讓逝者穿西裝坐在椅子上，弔唁者與其握手的葬禮（見第一章）。日本是不是也有類似的例子呢？葬儀社的人介紹給我的是「D Support」的真保健兒（四十歲）。「D Support」是一家以東京都大田區為根據地，進行「移動式防腐處理」的公司。

真保先生進行防腐處理的手術室是在一輛旅行拖車上。用廂型車牽引載有防腐處理台、防腐處理機以外的其他機器、藥水類及儲存廢液的塑膠桶、一切設備齊全的拖車，前往委託的葬儀社。在停車場將廂型車和拖車分離，把遺體送上拖車，在裡面進行防腐處理。全日本只有真保先生一人採用這種方式。

「我是為了獨立經營才選擇這種方式。」

他出生於新潟市，山形大學工學部畢業之後，任職於一家醫療器材製造商的銷售部門，十年來一直在新潟各家醫院之間奔忙。在一位熟人失去年幼的孩子後，他開始對當時一直被認為屬於醫療領域的「遺屬關懷」產生興趣，進而認識了遺體防腐技術。他辭去工作，和宇屋先生、川口小姐一樣，進入大阪公益社殯葬理學院學習，二〇〇六年秋天取得防腐師執照。

「我脫離了上班族生活。畢竟工作是要做一輩子的，所以想轉行從事需要專業證照的職業。」

在某公司做了四年防腐師後，他買下一輛拖車，把內部改造成防腐處理室。作為牽引車的二千CC廂型車「因偶爾要運送遺體」，取得營業用的綠色車牌後，於二〇一一年自立門戶，接受沒有防腐處理設施的葬儀社等委託的工作。

那天下午他在新宿區內進行防腐處理，傍晚我們約在大田區內的家庭餐廳見面，我問了一個唐突的問題：

「您初期投資大約是多少？」

但他直率地回答我：「拖車本身就大約三百萬日圓，還有就是加裝換氣系統和冷氣，防腐處理的工具和藥品也必須備齊，所以這類設備費用合計超過一千萬日圓。牽引車和辦公室也需要花費，所以我就向銀行借。」

他的容貌看起來比實際年齡年輕。

他寫在紙上解釋給我聽，由IFSA所制定的遺體防腐處理方法，簡稱TD（即Treatment of the Deceased的縮寫），有四個階段：不使用防腐液的TD1、使用防腐液並進行修復的TD2、只做修復的TD3、適用於高度腐敗和被燒死的遺體。

「狹小的處理空間不會對你造成壓力嗎？」

「不可能完全沒有，但因為要專心，所以也沒那麼糟。反倒是要和時間賽跑讓我內心很掙扎。」

防腐處理會占用從去世到守靈這段遺屬能陪伴逝者的有限時間中的兩、三個小時。舉個例子，一個預估需要十小時才能將防腐做到盡善盡美的人，為了在時間內完成，必須思考如何分配時間去處理遺屬會看到的臉部和藏在被子底下的軀體部分。唯一能做這個決定的就是自己，他說那是一種煎熬，並接著說：「我認為防腐處理的最大功用是不必匆匆忙忙地舉行葬禮，就是可以掌控與往生者告別的時間。」

ＩＦＳＡ自主規定死亡後五十天內要火化。這是考量到被認為代表服喪期間結束的佛教「四十九日」和神道教的「五十日祭」所設定的期間。換句話說，防腐處理過的遺體要停放在家中五十天也可以。如果是公司的重要人物，那就等辦完公司既定的紀念活動，或是等小孩辦完婚禮、考完試，或等即將臨盆的孫女生產完出院之後再舉行葬禮，也有這樣的例子。

「更進一步說，就是能夠滿足遺屬希望以非葬禮的形式與逝者共度時光的願望。」

真保先生舉了一個極為特殊的例子，令人震撼。遺屬和死者一起「去兜風」。

事情源起於一封來自三十多歲女子的諮詢電郵。她看到真保先生公司的網頁後，發了那封電郵。當時她正在照顧已進入彌留階段的丈夫。

「如果可能的話，我想在葬禮前去兜兜風。」

真保先生回覆她，可以在去火葬場的途中，繞道去一個值得紀念的地方，不料，他收到第二封電郵：「不是這樣的。我想和我丈夫的肉身去兜風，不是在棺木裡的丈夫……。」

郵件內容如下：丈夫喜歡車，工作也與交通運輸有關。兩人經常開車去兜風。生病後，丈夫買了一輛新車。有一段時間他還能開車，但不久病情便惡化。因為「想用這台車來鼓勵自己對抗病魔」，於是丈夫自己規劃，請經銷商改變內裝，把那輛車改裝成自己更喜歡的風格。豈料，改裝好交貨時，丈夫的身體已無法乘車了。因為心有遺憾，才會希望如果有可能的話，讓他坐坐那輛車。

真保先生迅速向各方面洽詢，得知「並非不可能」。為防遇到警方盤查，被懷疑涉嫌犯罪，只要攜帶除籍證明可證明已死亡，且有家人同乘，就沒有法律問題。

「我能理解您的心情。可以去兜風喔。」

他如此回信後，與對方的聯繫暫時中斷。下一封收到的電郵寫著：「丈夫已去世。麻煩您了。」

「經過仔細的防腐處理後，穿上他喜歡的衣服，把副駕駛座的椅背往後調到最底，讓他坐上車。我開得很慢很慢，花三十分鐘把他以前在都內上班的地點、值得紀念的公園等繞了一圈。過程中，坐在後座的太太一直在跟丈夫說話。」

我一邊聽真保先生講述，一邊清楚回想起與SUN LIFE的門松先生同行，在平塚的遺屬家中見到的防腐處理過的遺體。臉上沒有絲毫生病的跡象，看上去就只是安詳地睡著了一樣。甚至感覺叫他，他可能就會醒來。

失去至親的家屬心情各不相同。「若有一百人，就有一百種不同的感受」、「沒有遺屬是不會遺憾的，覺得當時如果怎樣怎樣做就好了」，我從多位禮儀師口中聽到這樣的話。遺體防腐技術無疑讓送行的方式有更多選擇。

第五章　在火葬場工作的人們

我持續採訪在葬儀社等從事與遺體相關工作的人們，最後來到了火葬場。日本二〇一三年的死亡人數約一百二十六萬八千人。根據厚生勞動省的「衛生行政報告例（二〇一三年度）」，全國有四千四百六十七處火葬場，一年內有營運的是一千四百七十五處。火葬場數量之所以是實際營運數量的三倍多，據說是因為那些不再使用的火葬場還留著沒拆的關係。

人死後，法律上僅規定「須」在七日內向公所提出死亡申報，取得火化許可證後進行火化。正確來說，也可以取得埋葬許可證而不是火化許可證，並進行土葬，但在高度經濟成長期，土葬幾乎已從全日本消失了。二〇一三年度的土葬數量只有一百三十九具，通常是基於宗教因素，如伊斯蘭教徒。因此，火葬率約為九十九．九九％。即使不辦葬禮，你也避不開火葬場。

小津安二郎導演的電影《小早川家之秋》中，有一幕令人印象深刻的場景和火葬場有關。這是小津導演倒數第二部作品，於一九六一年公開上映。電影的尾聲，中村雁治郎飾演的釀酒廠主人去世，畫面中出現座落在寬闊河岸邊的火葬場，河水滾滾流動著。身為關西人，那地方對我來說很眼熟；大概是京都府和大阪府交界附近，那座有著高聳煙囪、磚造的火葬場。

女兒們和幾位家屬從休息室走出來。一人回頭看，「啊」了一聲，灰色的煙霧從煙囪筆直升起，有如升天一般。原節子、新珠三千代、小林桂樹等人飾演的家屬各自思念死去的父親，想想自己的處境和未來，感慨良多。

同一時間，笠智眾和望月優子飾演的一對老夫婦在河邊洗菜、洗毛巾，抬頭看那縷煙，慢條斯理地交談著「有人死了，冒煙了」、「是啊，冒煙了」。鏡頭轉向煙囪和河灘後，「如果是老先生、老太太倒不打緊，要是年輕人的話，可就令人難過」、「不過，即使人們一個個死去，但新的生命會『sen-gu-ri、sen-gu-ri』誕生」、「是啊。造物真是巧妙」。

「sen-gu-ri」是年長者所使用的關西話，意思是「依序一個接一個」。老夫婦神情溫和地像這樣繼續交談著，彷彿什麼事都沒發生一樣，繼續洗他們的東西。

一家之長的遺體被火化，化作輕煙從煙囪升起並消失在大氣中的畫面，和老夫婦

「接連不斷……造物真是巧妙」的靜靜談話。每個人總有一天必將經過的地方就是火葬場，它就位在每個人生活的延續上——也許是因為我觀賞那部片的時候正在關注火葬場相關事情，在我看來，小津導演似乎就是在表達這樣的意思。火葬場研究的權威，同時也是一般社團法人「火葬研」的會長八木澤壯一先生，在他與人合著的《火葬場》一書的開頭也提到了這一幕。屍體在火葬場中是被什麼人又是如何被焚燒的呢？我腦中漸漸浮現這樣單純直接的問題。

緊急興建的火葬場

師事唐代玄奘法師（三藏法師），之後將法相宗傳入日本的奈良元興寺僧人道昭（六二九～七〇〇年），其在西元七〇〇年自己透過遺書交代弟子將他火化，一般認為這是日本最早的一場火葬。因為《續日本紀》（七九七年）中〈卷第一 文武天皇四年三月〉記載道：「天下火葬從此而始也」（我國火葬起始於此之意），並於鎌倉室町時代普及於一般百姓。在佛寺院內，或者以村落之間互助的形式，在偏僻的窪地等處，用木柴、稻草、木炭焚燒。

前者是由僧侶或坊守（佛寺或僧房的守護者）承擔這項任務，後者則是村裡的居民。根據《被差別民的大阪近代前期篇》（Nobi Syoji著，解放出版社。被差別民指的是日本封建時代被視為賤民階級的後代，包括殯葬業者、屠夫、罪犯、在日朝鮮人等）的記述，一五九五年的「文祿檢地帳」（以村為單位，記錄土地測量結果的台帳）中記錄了「三昧聖」和現今被視為歧視用語的「隱坊（隱亡）」這類名義人。「三昧聖」據說源自佛教用語。所謂的「三昧」是指身心毫無動搖的狀態，而火葬場和墓地也被稱為「三昧」。一邊務農，一邊與寺廟或村莊簽訂契約，接受有人去世的家庭委託，負責執行火化或埋葬的人，就是「三昧聖」或「隱坊」。

明治政府在廢佛毀釋（明治維新時期為鞏固天皇領導地位，採取神佛分離、神道國教化的政策，進而發展成打壓佛教的運動）的背景下，一八七三（明治六）年禁止火葬，但因東京、大阪等大都市的土葬用地不足和衛生面的問題，短短二十二個月後便解除禁令。火葬場根據內務省的通告脫離寺院管理，一度步上民營化的道路，開始砌磚建造，備妥建築物，在燃料中加入煤炭。東京、大阪、京都三府和長崎、橫濱、神戶、新潟、函館五港埠並制定了設置標準，如：「煙囪高度為曲尺二十四尺（約七．三公尺）以上」、「遺骸不可埋葬在火葬場設施內」。之後，一八九七（明治三〇）年的傳染病預防法規定死於傳染病者必須火葬，地方政府於是以整合舊有民間火葬場的方式，加速興建火葬場。

然而這個時期，都會以外地區以土葬居多。戰前全國火葬率最高的是一九四二（昭和十七）年的五十七％。南方等地戰亡人數眾多的一九四五年跌落到三〇％後，五〇年代又超過五〇％，此後便加速度成長；八〇年代達到九十一％，然後一直到現在。七〇年代，基於對公害問題的認識，人們大聲疾呼「火葬場現代化」，煤油成為燃料的主流。八〇年代以後，以瓦斯和煤油為主進行了重建。

另一方面，封閉性的體質揮之不去也是事實。

「火葬場的封閉性更甚於殯葬業。就連問：『你們的火葬場最近有整修嗎？』對方都會反問：『你從哪裡聽到這消息？』不願意告訴你。」

「所有火葬場都禁止拍照，即使是使用者。理由是有可能拍到火葬場的員工。聽說是因為如果被拍到導致火葬場員工身分曝光，會遭到歧視的眼光。」

我從葬儀社的人口中聽到這樣的事情。

目前，全國火葬場的經營主體九十五％為公設（地方政府，或是由多個地方政府共同合作。兩者多半都採用指定管理者制度），非公設（公益法人、宗教法人、自治會、私人企業）的只占五％，公設占絕大多數，但東京是例外。東京二十三區九座火葬場中有七座（落合、町屋、代代幡、四木、桐谷、堀之內、戶田）是由私人設立。

「明治時代後期，日本各地都在進行公設化，而在東京，作為都市計畫的一環，有很多須優先考慮的事項，使得民營火葬場的收購進展緩慢。」如此解說的是「火葬研」的副會長武田至（四十九歲）。

「一九六八（昭和四十三）年厚生省發布通告後，目前已不再允許民間新設火葬場。不過，既有的民營火葬場作為一種既得權，可以繼續經營。」

其中之一的戶田殯儀館（板橋區）是一九二七（昭和二）年，由一群看好火葬事業獲利能力的地主和地方上自願參與的人士共同興建，其餘六座都系出同源。一八八七（明治二〇）年，名叫木村莊平的人預見到東京人口增加、死亡人數增加的情況，於是創立東京博善，以經營日暮里（現在為荒川區）的火葬場。順帶說一下，木村就是以淺草為原點，在東京各地廣泛經營牛鍋連鎖店「iroha」的人物。他是個頗有能耐的商人，將江戶時期以來的火葬場一個個納為己有。他去世後，有一段時期由僧侶擔任社長。現在，六座火葬場同樣是由東京博善公司（總社在千代田區）經營。

二十三區內只有兩座公設火葬場，其中之一的都立瑞江葬儀所（江戶川區）位在離都營地下鐵新宿線瑞江站步行約十五分鐘外的住宅區。走進有著磚造門柱和鐵製矮門敞開的正門後，簡直就是一座公園。種有樟、松等樹木的基地內，立著一面為遛狗人士而設的資訊板，上面寫著「請務必為狗繫牽繩」。白天可隨意進出，往前走，就會看到有著花壇的入口前方有棟棕色和白色的寬闊建築。由告別廳、火葬場大樓、行政大樓構成的外觀，讓人想起以前的國民賓館。

「昭和五十年全面改裝，原本是昭和十三年開設的區內唯一一座公營火葬場。」

嵯峨英德（六十歲）一開始先告訴我這件事。

「這一帶以前是廣闊的農地和稻田。據說當時東京市公園課長的目標是『在美麗的花園中打造一座明亮、潔淨的設施』，因而提議採用西式風格。有一則小插曲是，預算在市議會審議期間，有位看過設計圖的議員批評『看起來像咖啡廳』，結果課長回答：『如果您認為這建築太洋派、太高級的話，我們會認為您剛才的指責是對我們當事者的讚美』。」

其實我是第二次見到嵯峨先生。大約一個月前我參加了「火葬研」舉辦的研究發表會，會上他和火化爐原理等的研究人員以「東亞地區對火葬的接納」為題進行發表。我對他發表的論點很感興趣，即根據中國對佛教的接納與火葬的關係，和《萬葉集》中相關詩歌等，來論述日本自古就有火葬習俗，因此前去向他致意。沒想到他說自己是都立瑞江葬儀所的職員，以社會人士身分進入大學夜間部就讀，主修宗教思想，並以非學位學生身分在研究所學習。當時他送我一本他自費出版的《東亞地區火葬研究》（二〇一一年發行）。於是我提出採訪申請，得到瑞江葬儀所所長的許可後，當天就去拜訪。

嵯峨先生所說的「東京市公園課長」，指的是說服皇室等人捐出許多土地、有「領受頭」稱號的井下清（一八八四～一九七三年）。除了井之頭公園、上野公園等的都市公園之外，他還設計了日本第一座公園墓地——多磨靈園，並採用獨立收支制度，因此又被稱為「公園的井下」。據說，瑞江葬儀所在設計時參考了歐美靈園和火葬場的元素，並減少宗教性的裝飾。

「一般參加葬禮的人在告別廳送別後，我們會引導他們來到爐前（火化爐前），將棺木放入（火化爐）。」

「告別廳」是用大理石打造，棺木可放在前方，供人燒香、獻花，宛如殯儀館的禮廳。現在不會在此舉辦葬禮，但以前會，所以才取名為「葬儀所」，而不是「火葬場」。

「只要遺體還保留生前的模樣，即使概念層面能認知到死亡，但我想內心深處還是很難接受。畢竟這是家屬心理上最悲傷的時刻，有些人可能會嚎啕大哭、心慌意亂。火化完成後，我們會引領家屬去撿骨，藉由親手將遺骸放入骨灰罐的行為，讓家屬接受死亡。我們十四名工作人員的職責，就是懷著肅穆的心情，陪伴遺屬走過這樣的心理過程。」

嵯峨先生帶我參觀了「告別廳」，及火化爐的鐵門排成一直線、名為「爐前」的空間後，向我說明他們的工作內容。條理分明、沉著冷靜的說話方式和「火葬研」研究發表會時一樣。他透過黑框大鏡片的眼鏡，目光銳利地看著我。

我一邊聽，回想起在大阪的火葬場送別父母時的情景。有如滑進火化爐的棺木，火化開始的按鈕，以及撿骨時，工作人員稱讚我：「以您的年紀來說，已經做得很好了。」還有一件事。我記得在我要離開火葬場時，阿姨在我耳邊悄聲說：「那些人的工作真不簡單。」我想這「不簡單」中包含了優秀、了不起和辛苦、勞累兩種含意。

對於工作內容，嵯峨先生繼續這麼說：

「穿著這類黑色制服進行爐前的工作，和穿著工作服在稱為『火室』的火化爐裡面燒化屍體的工作，所有工作人員排班輪流做，很公平。」

對於「也要做燒化屍體的工作」一事，我掩飾不了我的驚訝。因為我一直以為現在的火葬場只要在爐前輕輕按下火化開始的按鈕，不需要人力，屍體會自動燒化。光是以遺屬極度悲痛的地方作為每天工作的場所，要面對裝有屍體的棺木和火化的骨頭，我就已經覺得這工作「不簡單」了，沒想到「焚燒」需要人力，還要擔負那樣的任務，這完全超乎我的想像。

「聽說新設火葬場的火化爐有自動控制裝置，不太需要人力來焚燒，但我們的火化爐是舊式的。從點燃瓦斯到燒完，全程手動作業，同時要檢查屍體的狀況。」

「也就是說，目視檢查，然後用什麼東西去碰觸屍體嗎？」

「沒錯喔。」

嵯峨先生說得好像這是理所當然的一樣。

「火化爐內只有一具燃燒器，不去管它的話，火勢分布不均會燒不乾淨。所以火化時我們會拿一支長長的撥火棒，從火化爐後側的小窗伸進爐內，調整遺體的位置。視遺體的狀況，有的花不到四十分鐘，有的需要將近兩個小時。」

撥火棒是一支尖端部分彎成L型的鐵製棍棒，和用來撥煤炭爐煤炭的是同樣名稱。他說就是用這撥火棒來調整火化中的遺體。燒出來的骨頭有「漂亮」和「不漂亮」的細微差異也讓我心裡一驚。

他讓我參觀了因當天的日子不宜喪葬而沒有運轉的火化爐內部——「火室」。

二十台寬一公尺、高三公尺左右的米色長方形機器（主燃燒爐、再燃燒爐）等間距地橫向排在水泥地上，每台機器都有一條風管通到天花板，是一個有如工廠的無機質空間。仔細看燃燒爐，上下左右各有一個直徑約十五公分的圓形玻璃窗。數支長一公尺到兩公尺左右的鐵棒倚靠在一旁，也就是撥火棒。

「棺木會在最初的十分鐘左右燒掉，露出遺體。燃燒器在頭的上方，所以是從頭部開始火化。火勢會在爐中蔓延，但下半身的火勢無論如何就是比較弱，所以會把撥火棒從頭部側邊的小窗伸進去，靠在腋下將遺體移到前面來。」

火化爐有「台車式」和「羅斯特爾式」兩種。「台車式」是將棺木連台車一起送進爐內，在高度約十公分的支架上燃燒；「羅斯特爾式」則是只送棺木進去，在三十公分左右高的鐵架上燃燒。一九八〇年代後半以來設置的火化爐多半為「台車式」，但瑞江葬儀所一九八七年更換火化爐時採用了「羅斯特爾式」。燒化的骸骨會掉到鐵架下面（離地約三十公分），容易碎裂，但另一方面，據說火勢分布比台車式要均勻。

嵯峨先生說，雖然不曾測量過爐內的溫度，但熔點高的白金會留下，而熔點九百多度的銀、一千多度的金會熔化，因此推斷有一千兩百度。這意味著，他們透過小窗往裡看，與烈火中的遺體對峙，努力將其「完全燒化」。

為預防火化爐老化，二十台裡面同時使用的只有十台，每六天停機休息，換使用另外十台。十點、十一點、十二點、十三點、十四點，每個時段各有五台火化爐在運轉，換句換說，一天最多火化二十五具屍體。由於有兩人負責這項工作，所以要同時監控多台火化爐。

「不會有害怕、噁心這類的感覺嗎？」

「都做二十多年了，現在已經不會。不過……剛做這工作時，我曾經陷入一種驚嚇狀態。上班途中無論我在車上看到多麼年輕漂亮的女人，我都會忍不住想像她的身體從表皮開始逐漸被燒毀的樣子。」

他說自己是三十九歲才轉行。學生時代就結婚，所以私立大學念到一半退學，第一份工作是一家製造業的公司，當時他積極參與工會活動。擔任工會幹部期間，公司開始精簡人員。在實質的點名解雇中，他因為「無法救下大多數工會成員而深深感到無力和挫敗」，就在這時候，他偶然間看到夾報的「都政消息」，得知火葬場正在招募員工。年齡限制「四十歲以下」，他勉強過關。「學歷不拘」，至於筆試，他記得只有「高中入學考的程度」。

「所以說，我不是因為有一些想法而從事這一行。我加入的當時，工作人員全是年長的資深員工。我有拿到工作手冊並獲得指導，但因為我完全不懂，就只能一股腦兒往前衝。」

我腦中閃過第二章介紹的堀井久利先生的話。在葬儀社服務十年的他肯定地說：「工作不是用來喜歡或討厭的。認真做，你就會喜歡它。」前面提到的關於火葬的研究，是不是因為日復一日在現場工作，讓他想以說理的方式研究火葬這個領域呢？

「可以這麼說吧。我在女兒考上大學時進入早稻田的夜間部就讀。這工作讓我有些難得的經歷，比如：看到接近『九相圖』的情況。但另一方面，也有些遺屬會告誡想靠近我的孩子：『不可以跟那樣的叔叔說話。』這行業至今仍然被人以有色眼光看待，這也不禁令我覺得不對勁……。」

「九相圖」是一種佛教繪畫的題材，描繪了被丟棄在屋外的死屍腐化的樣子，多數是在鎌倉時代到江戶時代繪製。不知道為什麼以小野小町和檀林皇后（嵯峨天皇的夫人）等美人為主題，分成九個階段，真實地描繪了屍體逐漸腐爛，血液滲出，肉被鳥獸啄食變成白骨，或是被埋葬前的樣子。據說，佛經中也有這樣的記載，簡單說就是在勸說：「人的肉體不值得留戀」。

聽了嵯峨先生的話，我體會到「焚燒工作」就是「目視的工作」。同時我也再次認知到這是一個經常伴隨著受人曲解、被不合理對待的行業。

與嵯峨先生的訪談結束後，我悶悶不樂。因為對「焚燒」業務感到吃驚，以至於忘了問走去火化爐後側小窗時的情況。日後，是與嵯峨先生同時期進公司的森田和彥（五十八歲）回答了這個問題。

「走進火室時不會有難聞的氣味嗎？」

森田先生回答沒有注意到，隨即又說：「好在，這證明我們每天打掃得很徹底。」說完露出牙齒微微一笑。中等身材，剃光頭，看起來做事認真的程度不亞於嵯峨先生。

「我花了很多時間才習慣遺體的臭味。發臭的遺體，抬下車時就會聞到了。就是那些溺死的，或是嚴重腐爛、受損的遺體。館內會瀰漫一股難以形容的腐臭味。」

雖然已學會接受遺體發臭這件事，但因為這裡是死亡的最後一站，死後經過的時間最久，氣味應該格外強烈吧。

「現在我們會請殯葬業者把『受損嚴重的遺體裝入屍袋後再放進棺木』，所以氣味不會太重，以前體液會滲出棺木，常常附著在台車等物品上。」

「受損嚴重的遺體」多半是行旅死亡人，也就是死在路上或孤獨死等，沒有遺屬弔祭的遺體。

瑞江葬儀所對領取政府生活補助金的人收費非常便宜，不論是否設籍東京，火葬費都是六百日圓，因而備受殯儀業者的重視和青睞，據說，有時這類遺體被運送進來的件數會達到六成。前文已提到，東京擁有數量異常多的私營火葬場，東京博善對領取生活補助金的人收取的火葬費是兩萬九千五百日圓，差距很大。而對於一般人的收費，瑞江葬儀所一律五萬八千三百日圓（設籍東京都、七歲以上），東京博善則有五萬九千日圓、十萬七千五百日圓、十七萬七千日圓（全是成人）三種等級。東京博善的等級差異在於「爐前」空間是共用或是個別一間，以及內部裝潢的華麗程度不同。

早上八點半開始營業後，開會宣布當天預定火化的遺體姓名，所有人一起確認。有關遺體的資訊，工作人員事前知道的只有姓名和年齡。森田先生概略向我說明進爐（將棺木推進爐內）、收骨作業等以七人負責「爐前」、兩人負責「火室」為原則後，又補充了一些關於嵯峨先生介紹過的火室作業（「看」和「燒」）情形。

「棺木燒完後，要先用撥火棒把乾冰、鮮花、食品等的陪葬品撥開。陪葬品愈多會讓溫度降得愈低，使火勢分布不均，所以會妨礙火化。以我的感覺，女性較容易燃燒，男性很難燒。最麻煩的可能是五十多歲肌肉發達的男性吧。火室根本就是體力活。」

日本人對骨頭的執念很深。森田先生說，「盡可能燒到讓骨頭完整保留」是他們的使命。燃燒器的火源在屍體頭部上方，所以顱骨最早被燒化掉落鐵架底下。之後就如同先前嵯峨先生所說，拿撥火棒從小窗伸入，將前端L型的部分靠在屍體的腋下將之拉到前面來。爐內的火焰如果是「漂亮的橙色」，表示燃燒得很順利，但極少數情況下會發生不完全燃燒，冒黑煙，導致什麼也看不見。因此要根據經驗打開或關閉小窗，調節排氣量。

「脂肪量適中」的屍體比較容易燃燒。最難燒化的是骨盆周邊，所以要意識到這一點，不斷用撥火棒將身體各部位移近燃燒器。最後確認「搖晃的微火」全熄滅了，關掉火化爐。

「偶爾會發生意外，就是體液從小窗噴濺出來，會非常臭……。」

據他說是撥火棒戳到了腹水積聚的部位，從小窗噴濺出的體液直接濺到工作人員的臉部和身體。由於他說「造成地板積水」，想必量不少。如果是帶有某種傳染病的屍體體液，工作人員可能有感染的風險，要用撒木屑的方式來清理。他說的「偶爾」是一年一到兩次，以員工人數去計算，就是一個月一到兩次，頻率不低。

東日本大地震後，東京都收了八百六十具遺體的火化，瑞江葬儀所負責處理其中的一百六十五具。二〇一一年四月一日起到五月二日的十一天，每天下午三點結束正常業務後便開爐運轉。他說，那段「連喘口氣的時間都沒有的日子」也是一場與難聞氣味的戰鬥（東京都購買了一批卡車載運屍體，但後來從相關人士口中得知，因無法去除車上的腐臭味，最後不得不報廢）。

我愈聽就愈覺得這是一份對身心都會造成很大負荷的工作。

「您的同事嵯峨先生說他剛開始做的時候，曾陷入一種驚嚇狀態。」我這麼說，試圖引導森田先生回答，結果森田先生反駁：「我自己是不會把工作上的情緒帶到其他地方。」、「工作是工作，我向來分得很清楚。我反而覺得爐前的工作比火室更難受。」

有同事在爐前按下點火開關時，曾被遺屬喊「劊子手」。森田先生自己在撿骨時也屢屢遇到遺屬對他生氣，質問他：「怎麼沒有喉節？」儘管他解釋：「瑞江因為採羅斯特爾式，掉下來的骨頭很容易碎裂。留下來可以辨識形狀的只有三〇%左右，所以常常沒有喉節。」但願意諒解的遺屬是少數。

「要當作遺屬的心理狀態都有別於常人，不這樣想的話會做不下去。」

森田先生也是後來轉行的。私立大學中途退學後「遊手好閒」，二十五歲時去學校當警衛，但日夜顛倒的生活讓他得了「現代人說的恐慌症」，九年後離職。在家休養了一段時間，之所以會注意到公關宣傳刊物上瑞江葬儀所的徵人廣告，據他說「可能是因為嘗過（不用加班的）藍領公務員的甜頭吧」。

「不過，我就算不工作也不愁沒地方住。」他這麼說，一問之下，原來他位在豐島區的家是祖父留下的豪宅，有十四個房間。祖父以前是一家製藥公司的老闆。後來製藥公司破產，有段時期母親靠經營家庭公寓維持一家人的生計，但他仍然屬於社會大眾所說的「成長環境優越」那一方。不過，森田先生二十多歲時父親去世，情況改變。從那之後，他要照顧妹妹，扶養母親和兩位姑姑。他說：「也不能說是因為這個原因，不過我一直單身。」

採訪的尾聲，森田先生吞吞吐吐地說出這段話：

「簡而言之，一直以來我都當它是一份謀生的工作，但現在我開始覺得這是見證人生在世最後一刻、非常重要的工作。尤其是沒有親屬的人，想到自己是他最後一刻唯一在場的人，就會很緊張，特別是最近。」

嵯峨先生和森田先生都在接受我的採訪後退休離開工作崗位。

點火後的一小時

嵯峨先生和森田先生都提到「瑞江葬儀所的爐是舊式的，才會需要這麼多人力」。那麼，比較新的火葬場的情況如何呢？

「從遺體尊嚴的角度來說，最好不要亂撥動。但實際上，我們也會使用撥火棒。」關西地區某火葬場的場長龜山徹（五十四歲，化名）在電話的另一頭這麼說。

「您是說在火化中拉扯、挪動遺體嗎？」

「嗯……那也是一部分，不過還有很多其他的。」

我想了解那「很多其他的」是什麼。對於我的請求——讓我參觀他們工作的樣子，他一開始以「遺屬的感受」為由駁回，但我不罷休地向他解釋：「我雖然在瑞江葬儀所聽過他們講述作業流程，但無法掌握實際現場的情況。」沒想到事情出現了轉機，他說：「我個人很久以前就認為火葬場不需要遮遮掩掩，如果能讓大眾了解我們一直在努力提供更好的火葬服務的話也好。」

我內心非常激動，於是在指定的日子前往龜山先生任職的火葬場。在JR京都站轉乘地方支線，約三十分鐘後抵達該城鎮的門戶站。那是個人口不到十萬的小鎮，市區保留了古老的街道，走遠一點進到山裡還有溫泉。久居大阪的我曾經來這裡走逛、採訪溫泉景點，是我很熟悉的小鎮。我從車站搭大約十分鐘的計程車，於十點前抵達位在鎮郊半山腰上的火葬場。平成初年翻新過的灰色建築，規模和外觀看來都和一般火葬場沒兩樣。擁有三具火化爐。

「今天十點開始是小嬰兒（的火葬）。另外，十二點半和下午一點半是大人。」

龜山先生從事這工作十七年。在我看來他像是體育老師，是個動作敏捷的人。我一被帶到「爐裏」（在瑞江葬儀所稱之為「火室」）旁的值勤室，寫著「穿戴防護裝備」、「穿戴防塵面罩」的標示貼紙立刻躍入眼簾。我與當天另外兩位工作人員簡單寒暄兩句後就開始參觀。

值勤室的監視器螢幕上出現一對年輕夫婦和各自的父母到來的情景。那天是由一位七十多歲的員工負責「爐前」，他穿著筆挺的黑色西裝去迎接。監視器也拍到母親緊挨著棺木痛哭的畫面。失去心愛小寶貝的一家人就在僅僅五公尺外的門後，令人揪心。

「待會就要點火了，請到這邊來。」

龜山先生的聲音讓我回過神，起身離座，走去火化爐後方。和瑞江葬儀所不同，這裡的火化爐為「台車式」，即連台車一起推進爐內在支架上方焚燒。其大小在放入一只長兩公尺、寬六十五公分、高五十公分的棺木後便所剩無幾。頂部、壁面都是陶瓷的耐火材質，台車表面（放置棺木處）是可鑄性耐火泥。燃燒機器前有個觸控式螢幕，即「操作面板」，這是瑞江葬儀所沒有的裝置。

點火後最令我詫異的是，透過小窗可以看到爐火的熾烈程度和聲音。既不像橙色也不像紅色的明亮火焰發出轟鳴地熊熊燃燒，自由自在蔓延，而且會前後左右移動。我從小窗往裡面看，一時之間我被那火焰的強度所震懾，眼睛只看到火焰，但戴上工作人員拿給我的「遮光眼鏡」後再盯著那團火焰看，漸漸開始發覺中央有個小東西時隱時現。

龜山先生從另一扇小窗注視著火化爐內部，突然向我抱歉並制止我觀看，將撥火棒伸進燒得正熾烈的火焰中。我事後才知道，原來他把乾冰、花、布偶等的陪葬品撥開。那氣勢讓我當下不敢提問。

龜山先生盯著操作面板。面板上畫有「主燃燒爐」和「第二燃燒爐」（主燃燒爐的上部，為了排除戴奧辛，對煤煙進行二次燃燒），並即時顯示兩爐內各自的溫度、壓力、排氣溫度等的數字和燃燒器的方向。我原本設想是由面板自動控制，但並非如此。龜山先生頻頻觸摸操作面板，調整上面的數字。當燃燒時間為八分鐘時，溫度顯示為「主燃燒爐八十一度」，但轉眼間就升高。

在「可以了」的暗號下，我再次透過小窗往裡面看。我把眼睛睜得像碟子一樣大，總算辨認出一個像嬰兒的樣子。被火焰團團圍住。這麼說也許思慮欠周，但在我看來那像是「物體」，由於形狀彎曲，甚至一度聯想到「魷魚乾」。龜山先生不斷透過小窗查看並調整操作面板。

之前聽說過小嬰兒的火化溫度比成年人來得低，所以當主燃燒爐顯示「三十分、五百三十度」時，我問道：「這溫度是不是到頂了？」他不發一語，之後才向我解釋：「不，溫度計裝在主燃燒爐和二次燃燒爐之間，和爐內溫度（整個空間的溫度）不一樣。燃燒器前面的溫度應該會更高。」

不久，隨著火焰轉弱，小小的骸骨逐漸清晰起來。約五十分鐘後火化完成。

下午要火化的是七十八歲的男性和三十二歲的女性。由一名體格粗壯、四十多歲的員工吉田先生（化名）負責，他也讓我透過小窗觀看這兩具的作業情況。

吉田先生同樣看棺材燒光了才打開小窗，把撥火棒伸進去。

他告訴我：「現在我們這裡的醫院一定都會拆除心律調節器，所以不用擔心，但聽說以前心律調節器曾在爐內爆炸出事。被心律調節器碎片擊中的肉塊從小窗噴出，造成一名工作人員重傷。」

吉田先生之後也一再透過小窗查看爐內情況，觸摸操作面板不斷調整。

在進行七十八歲男性的火化時，即使是透過小窗觀看，我仍然完全被那凶猛的紅色火焰所震懾，以至於聽到「現在頭掉下去了（支架底下）」才意識到那是顱骨、是腦部，聽到「火確實蔓延到軀幹了」才明白眼前是什麼情況，要到接近尾聲火勢轉弱之後，我才能清楚認知爐內的全貌。那就是掉落在支架底下和旁邊大大小小的骨頭閃爍著微弱的火光繼續燃燒的樣子。

在處理第二位三十二歲的女性時，不知道是不是有點習慣了，我已能隱約辨識顱骨逐漸燒化掉落、黑色塊狀的腦部裸露在外燃燒、身體的皮膚逐漸燒毀，變成零零碎碎的肉塊的樣子；還有內臟露出、肉著火後自個兒燃燒殆盡的樣子（據說這叫自燃）等。和我從瑞江葬儀所森田先生那裡聽到的「燒化過程」一模一樣。

只是，顱骨、肉塊、內臟全變成支離破碎的黑色塊狀物，這和我想像的差距很大。一些黑色塊狀物遭到火焰直接攻擊持續在爐內收縮蠕動，在我眼中看起來就是那樣。意外的是，陪葬的鮮花和書本未被燒毀，仍持續冒著煙。操作面板顯示的溫度為一千一百零四度，應該到頂了吧？由於操作面板上顯示的只是爐內某處的溫度，因此可以假設實際上有些地方的溫度更高。

「內臟不容易燒化。所以等整個燒到一定程度後，要把內臟移到容易被燃燒器燒到的地方。」吉田先生這麼說著，並把撥火棒伸進小窗裡作業，然後利用操作面板調整燃燒器的角度。

「最好不要勉強喔。如果感覺不舒服就不好了。」

他如此關心我，但我覺得暫時還沒問題。

和我原本想像的令人作嘔、毛骨悚然、驚恐這一類感覺有點不同。我想起曾經參觀過一次的垃圾焚化爐熊熊燃燒的火焰，和兒時在老家燒洗澡水的情景，母親總說「訣竅是要為空氣開一條通道」。此外，我有時會莫名覺得「這人似乎是自願被焚燒的」。

兩具的火化時間都大約一小時。我可以感覺到旁邊的吉田先生始終繃緊神經，覺得時間一眨眼就過去。他問：「妳一定覺得很臭吧？」可是我不記得了。也許我根本沒有多餘的心力去感受氣味。

火化完成後，吉田先生讓整個台車移動到爐前和火化爐之間名為「前室」的空間。我感覺有如在三溫暖裡一樣的熱，而他卻說這是要讓骨頭自然冷卻，大約冷卻十分鐘後，到碰觸骨頭不會被燙傷的程度。一旦不再覺得燙，他就開始拆除台車上的支架，用火鉗拾起散落的骸骨，像處理人體標本那樣整理。據說這叫「整骨」。

「我也不確定這樣整理是好或壞，但遺屬看到整理好的樣子，心理衝擊應該會比較小吧？」

吉田先生一邊說，一邊用火鉗夾起骨頭。遺屬在那之後就會被告知「火化完成」。作業告一段落後，我問：「吉田先生會關心我是否感到不舒服，是不是因為吉田先生自己初期也有過恐懼感之類的經驗？」吉田先生這麼回答我：

「我有恐懼感？並沒有啊。比方說，如果是從事『送行者』那種行業，因為要碰觸遺體所以害怕的話，我覺得那很正常，但我們不會直接用手碰觸遺體呀。」

「完全燒化」

那天，收拾完畢後，我採訪了龜山先生。

「我一直覺得，火葬場不能變成處理屍體的工廠。」

他突然說了一句激進的話。我問：「是必須這樣想才做得下去的意思嗎？」他搖搖頭，低聲說：「完全不是。」

「我要說的是，火葬有很大一部分和機械操作的技術層面有關。妳可能很難理解，巧妙地操作機械，也就是讓遺體燃燒均勻，不冒黑煙，自然就可以把遺體完全燒化。」

果然又出現「完全燒化」這句話。

龜山先生說完後，讓我看他自己用A4紙張製作、共四十頁的「火葬場工作人員培訓資料」。他在資料裡介紹了有關機械的部分，例如：爐子是「逆流燃燒式」，爐子與冷卻風扇的位置，風管和集塵機裝有觸媒作為去除戴奧辛的機制。對我來說雖然很難理解，但我似乎明白了一件事，即透過運用這些機械來讓屍體徹底燃燒，也就是說，成為一座出色的「屍體處理工廠」就是「將屍體完全燒化＝對逝者的哀悼」。

我腦中忽然浮現寺山修司的詩句：「昭和十年十二月十日，我誕生時是一具未完成的屍體，歷經數十年，變成一具完整的屍體」〈想念的我家〉。同時，我認為，完整的屍體之後被完美地徹底燒化才合乎道理。

「說得更白一點，要把遺體完全燒化，理想的情況是棺木裡只有遺體。我能理解遺屬希望放入乾冰和大量陪葬品的心情。但另一方面，如果是為逝者著想，我認為就不要放。因為我們用撥火棒去除陪葬品時，再怎麼小心還是有可能傷到遺體，況且有時候鮮花、日用品等的陪葬品也會讓燒出來的骨頭沾上黑色或紫色。」

雖然也從瑞江葬儀所的森田先生那聽過陪葬品會妨礙火化，但龜山先生這樣的解釋很有說服力。

「附操作面板的火化爐不表示就是全自動是吧？」我確認道。

「是的。附微電腦的最新型火化爐好像幾乎像全自動，但我們的只附濃度偵測器，如果把最新型比作新幹線，那我們就像是駕駛地方支線的特快車。」他回答道。

「因為每一具都不同，首先要調整火力，看是要大火還是小火，然後從整體來判斷遺體的狀態和火焰顏色，透過觸碰式面板開啟或關閉四個閥門，調節爐內壓力，進行諸如此類的操作。籠統說是火焰的顏色，其實有七個等級。淡的暗紅色是五百二十度，暗紅色是七百度，紅色八百五十度，亮紅色九百五十度，黃紅色一千一百度，白紅色一千三百度，亮白色一千五百度——雖然乍看基本上是分不出差異。另外還有煙，冒出黑煙就是燃燒不完全，藍煙表示空氣不足，白煙是空氣供給過剩……還有許多判斷依據。在不冒煙的情況下完全燒化，這就是看我們的技術了。」

我只能辨認出一種「既不像橙色也不像紅色的明亮火焰」，而他們竟然要在作業中仔細識別火焰的顏色。雖說是配備了控制裝置的火化爐，還是需要進行目視檢查，且依據科學和工學的方式來操作。而且最重要的是「每一具都不同」，「脂肪含量是多是少」對燃燒影響很大。如同龜山先生說「這和烤豬肉一樣」，隨著溫度升高，脂肪會變成油。操作中要瞬間進行綜合判斷。

「如果是這樣，火化過程中應該就不會去想像死者了吧？」我問。這時，龜山先生的神情失去了光彩，露出一副像在說「妳不懂啊」的表情。

「如果把遺體當成人看待，自己的心情會承受不了。」他用平板的語調這麼說，接著繼續緩緩說道：「但另一方面，我也會這麼想。」

「我說不出什麼了不起的道理……不過，所有人都是在無法選擇自己出生家庭的情況下來到這個世界，展開人生，並在經歷了辛酸和快樂後結束一生。那人只要跨過了火化爐那道門，一切家世、血統、辛酸和快樂都一起成為過去。不論是富人、窮人、有名聲的人、沒有名聲的人，所有人平等，全部化為烏有。變成骸骨，變成灰。」

這想法其實和他從事這工作的動機相同，他向我透露：「那是一九九六年夏天，我從恐山（日本三大靈場之一）回來途中，在車上一直在思考的事。」

「我曾經覺得受夠了、不想活了，買張單程車票去了東北。好像是三十七歲那年吧？可是，我在恐山決心做一些有益別人的事，重新來過。於是決定去火葬場工作。」

要聽過他的生命故事才能明白這番話的意義。

他是在地人。在大阪的專門學校學習土木，後來任職於碎石公司。被派到一庫水壩（兵庫縣）、黑部水壩（富山縣）等處，負責製造管理。是一份要發揮他的專業、很細膩的工作。不過，他漸漸感到「那是個狹隘的圈子」，三十歲前便辭職回鄉。找到一份ＪＲ軌道的維修工作。第一次婚姻是與一位立志成為女演員的專業主持人結婚。受到妻子的影響，他度過一段一邊工作，一邊當作人生志業似地自主策劃劇團公演的日子。

「我參與策劃的其中一部作品是淺利香津代女士的獨角戲《釋迦內柩唄》，講述的是火葬場的故事。我是第一次因為舞台表演而哭，非常感動。從那時起，我開始會不知不覺地關注火葬場……。」

《釋迦內柩唄》是水上勉創作的戲劇，「釋迦內」是秋田縣花岡礦山附近的一處地名。故事背景是當地一間家族世世代代賴以為生的小型火葬場，講述一個發生在戰爭期間的故事，並涉及花岡礦山的中國勞工在嚴酷的勞動環境下群起反抗並遭到鎮壓的「花岡事件」。龜山先生非常簡單地介紹了故事的重點。

火葬場的一家人與從花岡礦山逃來、被強迫徵用的朝鮮人走得很近。那名朝鮮人被憲兵找到並殺害，火葬場那家人沒有因為他是朝鮮人就把屍體分開來火化。火葬場後方有一片盛開的波斯菊田，多年來眾多在這座火葬場火化的人們的骨灰都被撒在那裡。那位朝鮮人的骨灰也被撒在此處——。

「水上勉的父親是福井縣的挖墓穴工人，俗稱『一日隱坊』。我想，因為這層背景他才會寫出這齣戲。明明是應該受到尊重的工作卻遭到歧視是怎麼回事？什麼是哀悼？

是個衝擊人心的故事。不過，這齣戲其實是我後來找到的（自己開始關注火葬場的理由）。」

後來被迫離婚，不得不與孩子分開，龜山先生被絕望感吞噬，因而開車去東北尋找一處安息之地。他去了適逢「百年誕辰」而熱鬧歡騰的宮澤賢治紀念館、高村光太郎故居、三內丸山遺址之後，來到了恐山。

「我走進恐山的入口，在成排潮來巫女（日本本州東北地區會通靈的女性神職人員，通常眼睛失明或弱視）的店鋪前方信步走著時，發現有條根據死後世界意象設計的庭園散步路徑，前方立了一座石碑。我不記得正確的文字了，但大概是『人活著的時候，自己的存在並不被意識到。只有在死後，進入還活著的人們的心中時，才會被世人證明自己曾經活過』，就是這樣一段開山祖師的話。我一讀到，立刻全身一震，就算我現在自己不去尋死，死亡也終有一天會主動找上門——我浮現這樣的想法。對呀，何必特地尋死？我的人生還很長呢。（心情上）走過死亡深淵的我，從現在起直到死去之前能做的事是什麼？於是，我開始漸漸相信『那是人生最後從死亡邊緣眺望這個世界的工作，就是火葬場呀』。」

他從「那個世界的入口」轉身，在弘前（日本青森縣西部的城市）的理髮店把一頭長髮剃成了光頭。並在一千兩百公里的車程中，反覆思索「去火葬場面試時，要如何表達才能讓對方理解我的動機？」然後回到了故鄉。

他直接去職業介紹所，得到「第一次遇到有人想在火葬場工作」的回應，在他懇求對方詢問之下，剛好有地方出缺尋找接替的人。他還記得面試時對方一再問他「真的可以嗎？」弟媳也懇求他「不要做這種工作」。「而且，」龜山先生喘口氣後這麼說：

「做了一陣子之後，負責管理設施的人事課還接到我家附近鄰居打電話去說『我不能接受。你們要辭退龜山』。」

據說是一位六十多歲男性。對那人來說，連鄰居從事這行業他都覺得「骯髒」嗎？抑或是，對這個常被認為是受歧視部落的人們從事的行業感到忌諱？

「那是個封閉的小鎮，一言難盡。況且，到現在，撿骨時還有遺屬會毫不掩飾地提醒旁人『不可以跟隱坊說話』。雖然感受不好，但我已經習慣了。相反的，我覺得帶有這種有色眼光的人才是可憐人。不知道是不是因為在葬禮上費盡心力應對那些前來弔唁的人後，最終只有親屬會去火葬場呢？即使我們確實做好自己的工作，仍然有很多人會挑剔，說我們言辭不禮貌、服裝不妥，因而生氣。有時你提醒他禁菸，他還會惱羞成怒。

這一切全是因為他們認為我們低人一等吧。」

他一邊從前輩們的經驗中偷師，一邊掌握了火葬技術，不過大約十年前，他在市公所看到《環境齋苑》，得知發行單位NPO法人日本環境齋苑協會（川崎市）會舉辦從事火葬工作者的資訊交流會。他自費參加，同時透過該協會提供的函授課程，學習火葬的歷史和燃燒的機制等，並取得「火葬技術管理士」的執照。

「這裡不同於都會區，一年九百件左右委託之中，沒有一件是直葬（未經喪禮之類的儀式，從醫院等的死亡地點直接送到火葬場火化），也沒有一件是靠救濟金度日而無人領取。不過，我有意識地讓自己相信：受到遺屬厚葬的遺體和沒有受到同等待遇的遺體之間的差別，就和個子高矮、體型胖瘦的差別沒什麼兩樣。因為不論直葬或是無人領取的遺體，我們在這裡都會誠心誠意地進行火化，好好地送走他們。」

經過兩天來的採訪，我想龜山先生對我已有某種程度的信任。他還突然告訴我這樣的事。

「跟女人說這種事可能不太好，而且我也不想被人以為我是自己有這種興趣才好奇，不過……男性的遺體一著火，那裡都會直直立起。不知道是不是因為變暖了血液聚集的關係？我不太懂，這雖然是個謎，但不論年輕人或年長者在火中都會勃起，然後被燒到漸漸不成形。還有，乳房大的女人，表皮會一下子全部剝落。」

這是否意味著男人到最後還是男人、女人到最後還是女人？不，不能憑直覺來理解這事，那只是一個現象，我如此反駁我自己。

即使是最新型的火化爐

「從點火的那瞬間開始，在裡面的就不是人，而是菩薩，我是抱著這樣的想法在工作的。」

這麼對我說的是千葉縣浦安市祭祀場的負責人鈴木悟（六十歲）。我也想聽聽在配備最新型火化爐的火葬場工作的實際感受，所以同樣在「不宜喪葬」的休息日前去拜訪。浦安市祭祀場位在東京迪士尼樂園附近，二〇〇五年設立，並附設禮廳，外觀看來像美術館。以白色為基調的館內隨處擺設觀葉植物，遠比瑞江葬儀所和龜山先生任職的火葬場來得高雅。

不過，走進隔熱門後方的爐內便發現，構造都一樣，有附小窗的機器、有通到天花板的風管。先前森田先生和龜山先生都提到「完全燒化」，但鈴木先生卻說出「菩薩」這樣的話來。儘管表達方式有所差異，但身為專業工作者對遺體的尊敬都一樣。

我來到此處想了解的是，聽說「幾乎全自動」、配備感應器的最新型火化爐是否就不需要人力？

「這是一種叫做『交流式』的特殊構造，燃燒器出來的火焰會通過遺體下方蔓延到腳部，撞到剛才的隔熱門再掉頭來到遺體上方。基本上不會使用撥火棒。因為它具有可實現高效燃燒的自動控制溫度和壓力功能。只不過，協助機械運作的是人。」

我原以為，在這裡不需要像龜山先生他們那樣透過小窗目視屍體逐漸燃燒，只需盯著操作面板看，但這只對了一半，一半是我思慮不周所產生的誤解。

當發生溫度和壓力沒有順利升高，或是上升過度時，在這裡會透過稱為「觀測器（scope）」的小窗查看。可能是「眼鏡框黏在骨頭上」，或是「化學纖維的衣物等導致混入紅色、黑色的油焰噴濺」。當工作人員判斷繼續讓機械自動控制會無法修正時，就會調整溫度和壓力，按下「尊嚴裝置」的開關，它會調整燃燒器的角度，並前後移動台車及放在上面的屍體。不過，三十分鐘後就需要目視檢查並勤加調整，因為「比方說，有骨質疏鬆症的人，骨頭可能會粉碎。」

「如果只倚賴操作面板上的數字告訴你是否正常燃燒，骨頭會被燒到變形。體察遺屬的心情，努力保留遺骸，這就是火葬的意義。」

鈴木先生只回答我提出的問題，給人聰明的印象。

「您是從什麼時候開始從事這個工作？」

「五十一歲，從這裡設立開始。」

以前曾在販售石油化學製品的商社工作，之後與人共同經營生鮮超市。如果還活著今年三十八歲的女兒，在十七歲那年死於車禍，那時心想：「要出家嗎？還是……」他稍微開口說了一點點。接著，可能是刻意地用平穩的語調繼續談工作相關的話題：「我認為，因為有死去的人的教誨，我們才能活下去。在火化爐前送別時，我會說：『您辛苦了。請保佑家屬健康、安全、和平。拜託您了。』並鞠躬以表達敬意。」我感覺那當中似乎包含了萬般的情感。

四具火化爐，三名工作人員。與其他火葬場一樣，排班輪流負責火室和爐前作業。

據說他每天早上會向機器道早安，工作結束後，關掉電源，雙手合十對機器說「辛苦了」。我問：「在這麼漂亮的火葬場，是否就不會遭到使用者那些無情的話語對待？」

「不，我還是會感受到來自參加葬禮的人『鄙視』的眼光喔。我曾經被問過：『鬼魂是不是附在你身上？』因為不知道對方是基於什麼想法這麼問，所以我選擇自己保持謙遜，不完全否認。回答他：『嗯，是啊。我本來就會肩膀痠痛』。」

採訪完後，我望著這棟有如美術館的建築走了一圈，圍繞著建築物的綠意清新宜人。其中一個角落有棟三公尺高、邊長兩公尺的方形白色建築。是保管火化後的骨灰的「慰靈塔」。

在龜山先生服務的火葬場，「爐裏」四個角落也堆了大量類似水泥袋的褐色袋子。我往裡面看了之後相當驚訝，那裡有著無數各式各樣形狀的「骨頭」。

關東和關西的撿骨做法不同。龜山先生調查發現，把名古屋和金澤連成一線作為分界，以東是全部的骨頭都撿（全骨拾骨），以西是只撿喉結等主要的骨頭（部分拾骨）。骨灰罐也是，東邊以直徑約二十二公分×高約二十六公分的為主流，俗稱「七寸」；西邊以直徑約十三公分×高約十四公分的為主流，俗稱「四寸」。想一想，龜山先生的火葬場會出現許多「沒撿的骨頭」極為正常。東日本的火葬場也會留存骨灰。這些骨灰殘骸最後會去到哪裡呢？

「殘留的骨頭骨灰不屬於產業廢棄物，也不是一般廢棄物，法律上它們和石頭一樣都是自然物。以前，不論哪家火葬場都是扔在場內，並興建慰靈塔，而現在是業者會定期來回收。」（龜山先生）

據說那叫「殘骨灰」。在龜山先生的火葬場是由神戶當地的投標業者回收。業者會利用類似篩子的機器，去除陪葬品燒出的金屬片等雜質，聽說會變成乾爽的骨粉。之後再運到石川縣和山梨縣的寺院一起祭祀，龜山先生如此告訴我。

另外，在歐美沒有撿骨的習俗，遺屬將遺體送到火葬場後便回家。遺體在火葬場方便的時間被火化，兩、三天後遺屬將「灰」領回。我在日美辭典上查「骨灰」一詞，查到的是「somebody's remains」、「somebody's (funeral) ashes」。看來對骨灰的執著似乎是日本特有的文化。

二〇一三年九月十二日，我在能登半島西北側的曹洞宗大本山總持寺祖院（石川縣輪島市）。我從金澤站轉乘ＪＲ北陸本線、「能登鐵道」和巴士，沿途眺望著優美的村莊和山林景致，花了兩個半小時左右的時間抵達那裡。走過紅色欄杆的小橋，穿過山門，便見一片老松繁茂、占地兩萬坪的廣闊院落。這裡是鎌倉時代創建的古剎，在明治年間大本山被移轉到鶴見總持寺（橫濱市鶴見區）之前，與福井縣的永平寺同為曹洞宗的頂級寺院。

下午一點，「平成二十五年度全國火葬場殘骨灰合同供養法會」在莊嚴的本堂展開。由北海道、東京、靜岡、神戶等地七家殘骨灰處理業者所組成的團體「自然循環保全事業協同組合」主辦，一如字面上的意思，就是全國火葬場產出、未被遺屬領回的殘骸和骨灰的供養法會。

一位年長僧侶畢恭畢敬地念了一段類似開幕詞後，身穿黑色僧袍配黃色或褐色袈裟的僧侶魚貫而出，我大略算了一下有五十多人。他們誦讀名為「如來神力品」的經文，用力敲響頌缽。接著，僧侶們列隊，在主佛前的空間繞著圓圈走，同時跪下、磕頭、站起，那景象令我不禁屏住呼吸。據說這是一種名為「行道」的禮拜儀式。

該團體相關人士和一般參加者約莫九十人，雙手合十坐在牆邊排成一長排的椅子上。幾乎全是一身喪服或黑色套裝，只有少數幾人穿著一般便服。念經持續了約四十分鐘，其間，廣播播放著「感謝您今日前來」的播音，同時傳遞著焚香盆（法事中傳遞焚香時用來放置香爐和香末的托盤）。結束後隨即引導人們往供養塔移動。

我也是魚貫前進中的一人。院內深處一隅立了一座石碑，上面寫著「全國火葬場殘骨灰諸精靈永代供養塔」、「平成十二年三月十八日建立」，差不多和我的肩膀同高的底座上，有座青銅製的觀音立像。溫和的面容和儀態。左手持蓮花，右手垂下，以拇指和食指結印。我一靠近，立刻陷入一種奇怪的感覺，彷彿那半閉的雙眼正注視著我。僧侶們在這座觀音像前再次誦經，相關人士和參加者排隊依序燒香。

我試著向在場一對看上去接近七十歲的老夫婦攀談，問他們是不是每年都來。兩人互看一眼，看來一臉困惑地回答：「不是。我兒子今年春天車禍過世。」他們來自鄰近的縣市。

「我們在火葬場把全部骨頭都放進骨灰罐，連灰也盡可能都放進去了，但那不是我兒子全部的骨灰對吧？後來公所的人告訴我們這個地方。」

自稱是埼玉縣殯葬業者的三十多歲男性則對我說：「有很多用鑷子夾不起來的骨頭

碎片，我想知道它們去了哪裡就來了。」

觀音像左手邊的地下有個邊長約七公尺的方形石棺（水泥製，收放骨灰的空間）。據說，上午那裡面收存了一年份的殘骨灰。

神戶的業者們一九九四年向神戶商工會議所諮詢：「希望擺脫往往被認為是幕後工作的形象」，而這供養法會就是第一步。因為他們招不到人，以至於必須去難民定居促進中心徵人。經營指導員建議他們「依據墓埋法（有關墓地、埋葬等的法律）妥善處理殘餘的骨灰，以改變業界形象」，於是號召同業，於隔年（一九九五年）成立了「俱會一處」的組織。那是阪神大地震之後的事。俱會一處是佛教用語，意思是所有人都能往生淨土與諸佛相會。該組織後來發展成厚生省核准的協同組合。因為一個機緣，在濱松市內的寺院試辦了五年的供養法會後，為求更莊嚴的氛圍而與這間寺院簽訂埋葬契約。此供養法會便從二〇〇〇年開始舉辦。

被永久供養在這裡的殘骸骨灰，據說一年有數十萬人份。當我想到瑞江葬儀所和浦安市祭祀場產出骨灰，和堆積在龜山先生服務的火葬場爐裡的骨頭都混在一起時，不禁有股深深的感動。

那天，當我佇立在供養塔的觀音像前，一直聽見寒蟬鳴叫，預示著夏天的結束。

第六章　邁向「超多死社會」

二〇二七年團塊世代（泛指日本昭和二〇年代出生的人）步入八十歲之後，「大量死亡」的時代將會到來。二〇一三年的死亡人數約一百二十六萬八千人，然而據國立社會保障、人口問題研究所的推測，二〇三〇年死亡人數將增加二十七%（約一百六十一萬人），二〇四〇年將增加三十二%（約一百六十七萬人），達到大量死亡的顛峰。

死亡人數增加，喪葬件數就會增加。然而，若問據估計目前為一兆六千億日圓的殯葬業市場規模屆時會擴大嗎？殯葬業從業人數會增加嗎？卻也很難這麼認為。如各位所知，現在已出現愈來愈多家族葬、直葬，不花錢辦葬禮的趨勢也增加。

「家族葬以溫馨的形象取代了密葬，但並沒有明確的定義，現在，參加葬禮人數已從二、三人擴大到八十人左右。」

「直葬」的命名者同時也是葬儀記者的碑文谷創先生這麼說。

「今後，隨著獨居長者，及共度晚年的不一定是親人這種案例的增加，『家人』的概念將產生變化，可以想見傳統以家庭為中心的葬禮，將逐漸走向以超越血緣的近親為中心的葬禮。對葬禮簡化最感興趣的是六十多歲的族群，其次是七十多歲，再其次是五十多歲。所有人一致表示『不想給孩子添麻煩』，規模縮小的速度自然會加快。」

今後，平均壽命延長，死亡年齡提高，醫療、照護、居住等老年生活所需的開支會被優先考慮，導致愈來愈無法兼顧喪葬費用的情況將無可避免。舉行小型葬禮不需要很多人力。根據經濟產業省二〇一二年冬天進行的調查「創造安心、可靠的『生命終點舞台』」所顯示，約七成的葬禮辦在葬禮專用會館，喪葬費用（扣除宗教人士的費用）低於五十萬日圓的占六十一・一%，葬禮參加人數少於五十人的占三十五%，五十一～一百人的占三十二%，亦即六十七%都不到百人。

殯葬業界刊物《殯葬商業月刊》主編吉岡真一先生的看法也不樂觀。「可以肯定地說，葬儀會館的商業模式已來到過渡期。我想，將有愈來愈多人認為，送別高齡父母只需要四、五位家人參與，不需要使用葬儀會館。現在雖然每年全國仍會新增兩百多間會館，但絕大多數都是小型的。今後規模將進一步縮小，葬儀會館本身的樣貌也會改變，經營應該會變得更加艱難。」

據估算，目前包括保險、外資、物流等異業跨足新加入的在內，全國約有八千家葬儀社。二〇〇九年「永旺的葬禮」成立，不但明確標示葬禮中每一項費用，還推出僧侶的派遣服務和布施定額制，引起爭議（提示布施金額遭到來自佛教界等的批判，後來取消這項制度）一事令人記憶猶新。不過，實際負責執行「永旺的葬禮」業務的是全國約四百五十家的特約店。我聽幾位經營者提到：「因為總比讓葬禮用品和員工閒置著要好，才會簽下特約店合約，但其實利潤微薄。」在擔憂業界日益衰退的情況下，葬儀社和周邊產業出現了哪些新動向呢？關鍵詞似乎是「一日葬」、「效率化」、「感動化」。

「有尊嚴而樸素的葬禮」

二〇一四年九月七日，星期日。儘管天空不幸下著小雨，人們仍舊接連湧進川崎市川崎區的家族葬會館「DAVIUS LIVING川崎」。前一天開幕，這是第二場揭幕餐會。

入口前搭了一座棚子，立有板子寫著：「當季蔬菜隨你裝　十四點起馬鈴薯」。我到的時候還沒中午，但不斷有人向工作人員詢問：「幾點開始排隊能拿到？」我走進以白色為基調，牆面貼著苔綠色磁磚的漂亮館內，立刻注意到可以抽電風扇和商品禮券的抽獎機。一樓約五十平方公尺大的大廳裡，擺放著棺木和插滿白色和粉紅色百合和洋桔梗的花祭壇，並立著看板用小字寫著：「為所有人提供有尊嚴而樸素的葬禮」。

二樓是設有餐桌的飯廳、客廳（配備了沙發、大螢幕電視和按摩椅），以及一間六張琉球榻榻米大的和室，宛如樣品屋。工作人員介紹說：「一天限定一組家庭，您可以在這裡過夜，不必感到拘束，就像在自己家一樣。」有些人聽了讚嘆道：「真的啊。比我家乾淨好幾倍。」、「好像一家人去旅行時住的飯店。」一位用智慧型手機拍照的中年男人說：「我岳母到了差不多該有心理準備的階段了。本來想和內人一起來參觀，可是她必須去醫院沒辦法來，所以我想拍給她看。」

穿著背上印有「家族葬DAVIUS LIVING」T恤的工作人員敦促著所有參觀者：「請大家來享用附近烘焙坊剛出爐的麵包。」上到風景佳的三樓，在整整齊齊鋪著桌布的餐桌上，享用了奶油麵包和不含酒精的飲料。

「確實是能讓人靜下來的空間呢。」

我對終於有空的公關田尻惠（二十七歲）這麼說。

「託您的福，很受好評。昨天有兩百一十五人來，今天很有可能會來更多人。」

「你們是怎麼發布消息的？」

「我們在附近以夾報方式發了八萬份的傳單，不過似乎很多人是聽到別人說這裡『有什麼活動』而來的。昨天也有四場蔬菜隨你裝的活動，有一百多人排隊。開始時間一到，一轉眼就『賣光了』（笑）。」

希望提高知名度而發送免費物品並開放館內寬闊的空間，這一類葬儀會館的開幕活動並不少見。近年在全國各地很流行。

如果打算新建葬儀會館，附近居民會發起反對運動。買下其他公司已關閉停用的葬儀會館，重新裝修後取個新名字開館的案例很多，這間「DAVIUS LIVING川崎」也是如此。總社設在川崎市營火葬場附近一間葬儀會館的神奈川Cosmos公司，把它取名為「DAVIUS LIVING」，作為第三間直營的家族葬會館，繼鶴見（橫濱市鶴見區）、磯子（橫濱市磯子區）之後開館。

前文中提到，《殯葬商業月刊》的主編吉岡先生說「全國每年新增兩百多間會館」，這裡就是其中一間，一般只設置禮廳和休息室，這裡還附設客廳和飯廳，可以舉行「一日葬」，也就是省略守靈儀式只舉行告別式，成為這裡的「賣點」。

「DAVIUS」是取「荼毘明日」的諧音，含有「明天將進行火葬」的意思，同時「US」就是「我們」，也就是家人們的意思。不僅僅是會館名稱，還意指簡樸的葬禮方案。

該公司二〇〇九年開辦了以「棺木＋骨灰罐＋代辦各項手續＋火葬場協助人員一名」為基本的直葬方案。當時的費用僅需九萬一千五百日圓。現在有幾家業者也推出同樣的直葬方案，但價格低於十萬日圓的恐怕絕無僅有。而且，如果需要運送、安置、瞻仰遺容、鮮花等，要依個別項目的價格加計費用。該公司還推出一日葬「家族告別方案」，包含在探視室進行一小時左右的告別式等服務，費用為二十五萬日圓。

該公司社長清水宏明（四十一歲）說：

「其實，在直葬開始引發話題時，我的理解是，那不是葬禮，就是處理遺體而已。可是，有一次我收到這樣的諮詢：『三十多年音信全無的伯父去世了。由於沒有其他親人，我是不是必須幫他辦喪事？』這讓我反覆思索。我不認為單單處理遺體就行了，可是如果問我是不是想辦一場正常的葬禮？倒也不是。我覺得需要有一個接近直葬、讓人帶著尊重遺體的心情進行告別的選項，這就是促使我想到DAVIUS的直接原因。」

他是橫濱一家老字號葬儀社的次子，大學畢業後在自己家的公司做了六年基層員工，二〇〇一年自立門戶，創立神奈川Cosmos。以販售葬禮的回禮品起步，二〇〇三年掛起殯葬服務業的招牌，就是人家說的「新興葬儀社」。此外，「DAVIUS」的構想背後，據說還存在這樣的潛在因素。

「我在老家的葬儀社經歷過許多一般葬禮的現場，有時候守靈結束，大約晚上九點以後，會有人來叫我：『清水先生，請過來一下。』我去到大廳，親屬們正聚在一起一團和氣地聊著逝者生前的往事，並說：『清水先生你也來聽。』我就陪他們聊到深夜。守靈夜家屬必須頻頻向弔祭的人和法師們鞠躬哈腰，要關照很多事，根本沒時間思念逝者。我甚至覺得，守靈結束後弔祭者和宗教人士都離開的那段時間，才是真正的葬禮。再加上我們公司大約十年前開始做『事前諮詢』，多數人都表示想要一個簡樸的葬禮。然而，當你和幾位家人在一個可容納五十人的禮廳舉行葬禮，難免會覺得冷清。」

清水先生注意到殯葬業界並未提供一個介於直葬和家族葬之間，同時符合想要簡樸葬禮的人需求的選項。於是，實用性佳的「DAVIUS」制度——可以毫無顧慮地使用「DAVIUS客廳」的「DAVIUS一日葬」——就這樣誕生。

想像起來，就像是一個一天可供多組人舉行婚禮的禮拜堂。並善用地利之便——離火葬場很近，以一日葬來說，可以和火葬一樣，早、午、晚舉行三場（三組）。一般包含守靈和告別式的葬禮，即使安排得很緊湊，同一個禮廳上午舉行告別式，當天傍晚舉行另一組喪家的守靈儀式（業界稱為「don-den」，形容大逆轉、完全顛倒的意思），一天頂多一組。因此，一天三組算是效率相當高。

遇到諸多因素導致一段時間之後才能進行火葬的情況，只要將遺體存放在葬儀會館附設的安置室（保冷庫），稱「Funeral Apartment」，並收取保管費，出殯前舉辦一日葬就行了。如果是不進行儀式的一日葬，只需一名駕駛和兩名出殯人員就解決了。公司擁有的靈車「閒置」時間也會減少。因此他認為，簡約的葬禮作為一項事業很合理。

清水先生起初估計這類簡約葬禮的利用者應該是低收入階層，但沒想到開辦後，律師和開業醫師等族群利用這項服務的尤為顯著。

「確實有一些知識階層和富裕階層會特意選擇簡約的送別方式。簡單樸素地送走逝者，並不等於輕率對待。我重新認知到，葬禮中最重要的是思念逝者的時間。」

採用「加法」，將必要的元素組織起來，用這種方式來設計葬禮後，他深刻體會到

「每位逝者的人生都與眾不同，每位遺屬所重視的點自然也不同」。二〇一四年起，先前提到的直葬方案增加運送和安置等項目，並將費用固定化，收費定為十五萬日圓。

據說，最受歡迎的是三十六萬日圓的「只舉行告別式和火葬的一日葬方案」。以此為基礎，覺得需要宗教這一塊的遺屬就會找宗教人士參與，掛慮遺體的遺屬就會希望進行臉部化妝或防腐處理；心思放在最後衣著上的遺屬會為逝者訂做一套新衣，講究骨灰罐的遺屬則會想要手工製作的骨灰罐。他將這些眾多的個別需求變成一個個附加選項的商品。「DAVIUS葬」，含一日葬在內，平均收費約四十萬日圓。相較於一般葬禮的一百一十萬日圓、家族葬的六十四萬日圓，相當便宜，但據說利潤最高。

神奈川Cosmos一年舉辦約七百場的葬禮中，約兩百場是「DAVIUS葬」（含一日葬在內）。該公司二〇〇九年起以「無盈利」方式招募加盟店，並透過「0120」的電話號碼統一接聽來電，開始在全國各地擴展業務。到了二〇一三年，從北海道到沖繩有四十家業者提供「DAVIUS」這個品牌，並將一日葬等方案納入營業項目。不過，因神奈川Cosmos的負擔愈來愈重，二〇一四年將DAVIUS的業務部門與葬禮本體分開，成立獨立法人，目前正在重新調整中。但不論如何，DAVIUS的利用人數沒有地域之差地一直持續增加中。

立體停車場方式

另一方面，除了這類「一日葬」等方案的多樣化之外，還出現利用「機械」來推進「效率化」的設施。

二〇一〇年開幕的橫濱市西區「LASTEL久保山」，是一棟不像葬儀會館的會館。五層樓的建築各個樓層窗邊都優雅地配置了黃色和橙色的非洲菊人造花。「LASTEL」是「Last Hotel」的簡稱，含有「前往另一個世界的人度過最後一晚的旅館」之意。這裡也是專為那些希望以較少人數好好送別逝者的客群而設的家族葬會館，館內設有四間最多可容納二十人的禮廳。僧侶常駐館內，到達後可馬上念誦枕經也是一項特色，但最大「賣點」是位在二樓的遺體探視室，遺屬可二十四小時隨時自由探視。

探視室是個四面白牆、鋪著綠色地毯約三張榻榻米大的空間。設施利用者會拿到一張卡片，把那張卡片插入探視室牆上的讀卡機，約四分鐘後門就會開啟。與探視室隔著一面牆的是可容納十八具遺體的安置室（冷藏庫），並裝有自動運輸裝置。逝者的棺木會被載上不鏽鋼床，運送到探視室，從開啟的門後出現在眼前。

我看到這一幕，覺得這方式就像立體停車場，不，「比立體停車場更厲害」。多數立體停車場都有窗口工作人員，但這裡沒有。不必對任何人說一句話。雖然感覺有點冰冷，但似乎也很符合遺屬不希望聽到制式禮貌性話語的心情。

「由於居住條件和家庭關係日趨淡薄，現在有愈來愈多人在醫院去世後回不了家。正因如此，我們才會希望在這棟建築裡設置一間讓人能放心託付的安置室。而這就是我們追求安置室進出效率的結果。」NICHIRYOKU公司的執行董事，同時也是LASTEL事業部長兼久保山事業所長的田中修（四十一歲）這麼說。

近來，由於火葬場的關係，也會發生「逝者無法回家」的情況。在東京都心地區，由於火葬場業務非常繁忙，很難預約到時間。橫濱也是，一個人從去世到火化需要三天以上的狀態持續存在著。這段期間如果把遺體帶回自己家等的地方保管，且放置在常溫下，即使使用乾冰，仍然避免不了遺體腐敗。雖然每家葬儀社都說「我們會保管」，但其實很多情況是被放置在類似倉庫或儲藏室的房間裡，萬一遺屬看到一定會很震驚。

此外，雖然已有一些配備遺體冰存設施的葬儀會館出現，但保管期間的探視需要人力，因此會限定時段，如「下午兩點到五點」等，而且基本上都需要預約。LASTEL便靠著這套「自動運輸系統」消除此類不便，並提供「有尊嚴的遺體安置」。

探視室很寬敞，足可容納十人。常有鮮花裝飾，也設有香爐。舉辦一般葬禮時，親屬可以利用葬禮前幾天的時間齊聚在此陪伴逝者，也可以此代替葬禮，度過「告別時光」。稱為「LASTEL葬」的這種形式可以說就是「直葬的進化版」。出殯時會在棺木內放入鮮花。

遺體運送、專屬僧侶念經、化妝和入殮、棺木、骨灰罐、火葬費（橫濱市民）、協助人員一名，全套服務總計二十九萬日圓。使用探視室之外，加上在其他樓層房間舉行小型葬禮的家族葬方案為五十二萬六千日圓。也可以選擇像包棟別墅那樣，將馬路對面的別館「CEREHOUSE久保山」三層樓整棟租下過一晚，隔天舉行葬禮的「客廳家族葬」（六十九萬日圓）。

「雖然沒有特別大肆宣傳，悄悄開幕，但兩年半來，總利用次數為八百二十七次。有些人對自動運輸形式感到驚訝，但沒有人表現出抗拒，很受好評。目前，在LASTEL

久保山和CEREHOUSE久保山舉辦葬禮的客人，有超過九〇%都選擇安放在這裡。」（田中先生）

負責營運的NICHIRYOKU（東京都杉並區）是一家一九九九年從墓碑產業進軍殯葬產業的JASDAQ上市公司。聽說該公司代銷的「堂內陵墓」（納骨塔的一種形態，即將陵墓設在建築物內）也採用這套自動運輸系統，於是我也前去參觀。

搭乘JR總武線渡過隅田川後在第一站兩國站下車，出站後往兩國國技館相反的方向步行約五分鐘的地方，有座大德院。五層樓建築的外觀看來不像佛寺，但卻是創建於一六八六年、歷史悠久的高野山真言宗的寺院。據說寺名是由開創高野山的弘法大師的「大」字和德川家的「德」字組合而成，明治十八年以前一直是德川家安放牌位和祈福的寺廟。走進使用大量大理石建造、看來就像高級飯店的大廳，搭電梯上到三樓是莊嚴的正殿，裡面供奉著主佛。

這座寺廟的建築就像是佛教界的「新浪潮」，二樓和四樓設置了自動運輸形式的堂內陵墓「兩國陵苑」。這裡的參拜方式同樣是插卡式，將卡片插入參拜口入口處的讀卡機，門立刻開啟。稍等一會兒，讀取了卡片的佛龕（收放骨灰罐的箱子）就會從納骨堂運送出來。果然還是很像立體停車場。

參拜口很寬敞，可容納數人，被固定住的橫向長方形墓碑上供著水和鮮花，並備有香爐。自動運送過來的佛龕，眨眼間就被安裝在那塊墓碑的中央，組成一座個別的墓。佛龕上和一般墳墓一樣刻著「○○家」、「心」等的文字。

「您可以空著手，一年到頭不受天候影響，舒適地前來祭拜。還聽說有人反應，以前一年只能去郊外墓園兩、三回，但自從買了堂內陵墓，現在可以隨意地常常去祭拜，覺得很高興。」該公司銷售企劃部的宮崎徹（五十四歲）說道。

這裡既沒有一般寺廟內墓園的歷史氣息，也沒有郊外墓園那樣綠意盎然的景致，和傳統「帶著鮮花和線香」去掃墓的印象相去甚遠。不過，確實很方便、有效率。有位六十八歲的女士表示：「平常都是空手，但今天是母親的月忌日，所以就帶著母親愛吃的羊羹前來。」她住的地方，騎腳踏車到這裡十分鐘。母親去世快兩年了，幾乎每週都來祭拜。逗留時間一分半鐘。線香燒到一半就捻熄，將羊羹帶回去。

今後掃墓的人將逐漸高齡化。這裡有無障礙設施，坐輪椅的朋友也能毫不費力地來祭拜，可說是「對老年人很友善的墓園」。使用者不分宗教派別。一座佛龕可存放八人份的骨灰。以後無人弔祭時，會將骨灰合葬於合祀墓，受到永久供養。加上一整套服務八十四萬日圓的價格經濟實惠，因此很搶手。二〇一三年一月開始販售後，一年十個月已售出約三千座。

到目前為止，NICHIRYOKU還代銷了文京區的「本鄉陵苑」、橫濱市的「關內陵苑」、名古屋市的「覺王山陵苑」、鹿兒島市的「鹿兒島陵苑」，總計兩萬多座的自動運送式墳墓全部售罄。

「公司並沒有做太大的宣傳，不過有愈來愈多寺方的人來洽詢。我們的本業是賣墓碑，因此寺方在改建時會來找我們商量，我們就會提出建議。」（宮崎先生）

除此之外，東京都內還有幾處由其他公司管理的堂內陵墓。

體察他人的「心思」

繼「一日葬」、「效率化」之後，第三個關鍵詞「感動化」是我從URBAN FUNES CORPORATION（東京都江東區，現在更名為MUSUBISU）承辦的葬禮中觀察而來。

我去拜訪了該公司，其位在豐洲一棟全新的大樓裡。英文的公司名稱、「Ending Planner」、「Web Planner」等的職稱，加上員工全都很年輕，肢體動作顯得很優雅，讓我感覺好像網路科技公司。社長兼CEO的中川貴之（四十歲）前一份工作是經營一家舉辦家庭婚禮的公司。

「有一次一位女性下屬問我：『我可以做一些顧客沒有要求我做的事嗎？』當時我腦中只想著不要引起客訴，所以打回票，但她不放棄。後來我拗不過她便放行，結果那場婚禮辦得很精采。那是給新娘的一個驚喜。新娘婚後要辭去幼稚園老師的工作，但她難過得一直無法告訴園裡的孩子們。當婚禮進行到一半請孩子們進場時，沒想到小孩子們全奔向新娘大喊：『老師，恭喜妳！』新娘喜極而泣，會場沉浸在一片感動之中。當時我心想，這才是服務業啊，而這就是我們公司『感動葬禮』的起點。」

和前輩兩人一起創立的婚禮策劃公司短短三年就上市，但出現許多仿效他們做法的公司。未來，結婚人口會減少，而另一方面，死亡人口會持續增加。他說：「在悲傷中舉行的制式化葬禮，從服務業的角度來看還有很大的進步空間。作為未來要發展的業務，肯定會很有趣。」二〇〇二年十月成立該公司，十一年來，公司迅速成長為一家擁有八十八名員工、一年承辦一千八百場葬禮的禮儀公司。他們擅長在葬禮中加入「驚喜」，這和在結婚典禮上的安排有異曲同工之妙。

「在葬禮會場的部分區域設置一個類似畫廊的空間，將逝者出於嗜好畫的約三十幅水墨畫展示出來，彷彿真的個展一樣，這是我們第一次在葬禮上製造的驚喜。」

那是一位年長男性的葬禮。他在事前討論的閒聊中，聽太太提到逝者嗜好是畫水墨畫，於是提議「布置在葬禮上」，並要求看看那些作品。

原本想像就是幾幅畫吧，沒想到太太拿出滿滿一紙箱的作品。每一幅看來都有不輸行家的水準。既然畫了這麼多幅，他想逝者應該會想有發表的機會。

近來，全國各地都很流行在葬禮會場設置「回憶角落」，展示逝者的愛好，但中川先生的設計無與倫比。他做了一塊寫有「○○○○（逝者名字）水墨展」的板子放在畫廊空間的入口，將作品裱褙展示出來，每一件都有間接照明。太太走進會場後很驚訝，表示「開個展是我先生的夢想」，並流下欣喜的淚水，這事深植於中川先生的心中。

然而另一方面，葬禮結束後他問了一些人，發覺「希望能挑選逝者喜歡的花」、「希望能播放逝者喜歡的歌曲」，有很多諸如此類的小抱怨。

他為了避免這類抱怨出現，鼓足幹勁想要設計出「符合逝者本色的葬禮」，但事前討論時問遺屬「想以什麼樣的方式送別」，遺屬總是一臉茫然。

「這是當然的。因為那時候遺屬正處於悲傷無法思考的狀態。於是我們決定不要問了，而是在與遺屬討論的過程中，自己挖掘出逝者和遺屬的心願，並具體化。」

不過，說來容易，做起來卻很困難。即便知道逝者喜歡玩小鋼珠，但家人也認為那是好事嗎？逝者與家人的關係如何也是一個重要關鍵。光憑現場所知來判斷很危險，因此他們制定規則，負責事前磋商人員提的「企劃案」，葬禮前要先在公司內部簡報，聽取若干人的意見後再確定表現方式。

在愛好賭馬的人的棺木中放入成堆的馬經和中獎馬票，並在軍樂聲中送他出殯。對於期待著愛孫的婚禮，但沒來得及參加就去世的人，則緊急安排孫子與未婚妻穿著燕尾服和婚紗拍照，並將照片放大放進棺木裡。據說，該公司幾乎每天都會收到遺屬心聲，表示「很感動」。

「我曾在會場的入口處，設置一區仿造的饅頭店面。」（這裡的「饅頭」是指日式甜饅頭，小小顆，有包餡。）

與我分享自己承辦且印象深刻的葬禮的，是該公司的前「婚禮策劃」長谷川知子（二十七歲）。那是兩年前以九十七歲高齡去世，川崎市一間饅頭店老闆娘的葬禮。

「早上比任何人都早起，打掃店裡，準備好早餐後叫醒家人。白天顧店，傍晚照顧完孩子後，收拾店裡……。我從兒子女兒那裡聽到老闆娘長年過著這樣的生活，心想，她打理七十年的這家店就是她一生的寫照。所以直覺想到在會場打造一間『店』，希望所有人能在那裡回顧老闆娘的一生。」

她請上一代去世後繼承家業的兒子讓她參觀那家店，一去就看到老舊的招牌。長谷川小姐想把那塊招牌搬到會場，但發現拆不下來，於是立刻嘗試「複製」一模一樣的招牌。她將店內拍攝的影像貼在板子上，反覆塗抹鞋油做出陰影，以凸顯歲月的痕跡。招牌底下排放著兒子做的饅頭，擺出老闆娘在店裡努力工作的照片，並準備了紅色油紙傘和鋪有紅毛氈的椅子，打造出店面的氛圍。她還架設了一面顯示螢幕，展示著據說是老闆娘生前所寫的自傳內容。

「我想有那個角落，家人和鄰居們就會聊許多老闆娘的往事。然後出殯時，我再請女兒和孫子每人說一個自己和老闆娘的小故事。」

長谷川小姐表示，葬禮後女兒對她說：「謝謝妳這麼用心了解我的母親。要再來店裡玩喔。」

「在悲傷中創造些許感動的葬禮會發展起來。我們也考慮將這套方法廣泛『輸出』到亞洲各地，作為第一步，二〇一三年十月我們將業務擴展到台灣。派員長駐台灣，為當地禮儀公司提供諮詢服務。」（中川先生）

葬禮的本質是追思並送別逝者，即使時代變遷，此一本質應當不變。儘管對於它變得如此簡略和活動成分增高的褒貶不一，但現實是我們已經走到了這一步。

為殯葬業帶來新氣象的，並不只是那些能讓一般人看見的形式，也開始出現一些填補空隙的人們。

鄭丞右（四十七歲）和高橋善子（四十六歲）這對夫妻，二〇一二年在大阪市內開設「ＩＧＳ１０１基地」，ＩＧＳ是International Guest Service的縮寫。取這名稱是計劃將來把協助外國人遺體運回母國的手續納入營業項目，但目前是所謂的「招待所」。

「我起初是想開一家提供外國背包客便宜住宿的青年旅館。新今宮（大阪市浪速區）附近有很多這一類旅館，我就四處去參觀，但所有經營者都說沒什麼利潤。我和她（高橋女士）就打算改變方向，充分利用自己過去的工作經驗，改為接待死去的人，而不是活著的人。」

如此開始講述的鄭先生是韓國人，二〇〇八年因為和高橋女士結婚而來到日本。日語之所以流利，是因為年輕時曾在日本的大學留學，後來在釜山經營一家專門服務日本客人的旅行社。

「我有一種感覺，活著的人和死人同樣都是客人不是嗎？活著的人要使用毛巾、毛毯，還需要應答，最低一晚兩千五百日圓。死人不會說任何話，只是讓他躺著睡覺就五千日圓。從商業的角度來看，這個更好。」

IGS位在主要幹道上一棟大樓的一樓。入口前有兩輛車的停車位，因此從外面完全看不出那是什麼營業單位。打開感覺像是「建築事務所」的木製時尚滑門，眼前是一個擺放著事務機和沙發的空間，其後方設有遺體用的大型冷藏保管庫。

「要看嗎？」

我請他打開冷藏保管庫的門後，冷氣漸漸在室內飄散。那天有四位變得硬梆梆的「客人」裹著毛毯躺臥在那裡。採上下鋪「多人房」的形式，最多可容納十八人。四人中，兩人是第二晚，另外兩人是第一晚，鄭先生看著文件這麼告訴我。

首都圈的火葬場和葬儀會館多數都設有稱為「安置室」等的遺體冷藏保管庫，可是在首都圈以外的地方則很少。如前所述，在醫院過世後不回家的遺體數量逐漸增加中，禮儀公司負責保管卻缺乏安置場所的情況愈來愈多。

鄭先生他們便是看中這一塊市場。我之前看過的東京的火葬場和葬儀會館的安置室，全都是遺體放在棺木裡收存的「單人房」形式，但這裡是不入棺、以躺臥狀態收存的「多人房」形式，因此可節省每單位的空間。

二十四小時營業，客戶是禮儀公司。不分晝夜都會接到電話，說：「死者一名，現在過去。」遺體是由禮儀公司或禮儀公司委託的接體車運送過來。既有只需保管遺體幾天直到守靈的案件，也有獨居靠救濟金度日的人由警方送來，在尋找家屬期間負責保管的案件，甚至有超過十晚的案例。到達時多半無法預料會停留幾天。

「我有防腐師執照喔。雖然無法在這裡注入防腐液做防腐處理，但如果有要求，我可以修整或修復臉部，也可以幫遺體更衣和入殮，這是我們的優勢。昨天我也讓一位老太太的臉龐恢復光彩，對方非常高興。不過，我們畢竟是禮儀公司的下包商，所以絕對不會向遺屬推銷打廣告。我是離開以前服務的公司後不久開始做的，因為覺得違反規定，所以並未同時對多家禮儀公司發送宣傳DM，只去拜訪了以前認識的禮儀公司，請他們聽聽我們的想法，但託您的福，現在透過口耳相傳，使用的人愈來愈多了。」

高橋女士也如此為我說明。

我明白了鄭先生所說的「充分利用（兩人）過去的工作經驗」是指高橋女士是防腐師這件事，那鄭先生呢？

「我是照護員。」

於是我詢問了兩人一路走來的經歷。

高橋女士大學畢業後到私立高中擔任社會科老師，之後去釜山，在語言學校當了兩年日語老師。在那段期間，與當時經營旅行社的鄭先生結識成為朋友。一九九五年（二十七歲）回國，「為了自力更生」，進入互助會型的大型禮儀公司防腐部門擔任行政工作，據說是英語能力受到賞識。那家禮儀公司是日本最早開始做遺體防腐處理的其中一家，並招聘美國的防腐師。他們為在日本去世的外國人進行防腐處理，備妥領事館等的相關文件，並負責處理海外運送的行政程序，經過一年左右，決定自己培訓防腐師，而高橋女士便雀屏中選。

「一開始雖然會害怕，像是踏入另一個世界似的，但畢竟是公司的員工，公司交代我做的事，我就會做。」

使用美籍防腐師所屬的匹茲堡葬儀專門學校（賓州）的教科書日文譯本當作教材，和包括社長親戚在內的五人一起上課，之後還到醫學院觀摩解剖過程，去現場實習累積經驗。一九九八年取得匹茲堡葬儀專門學校日本分校的結業證書，後來成立的ＩＦＳＡ（日本遺體衛生保全協會）並特別授予她遺體防腐師執照。她讓我看ＩＦＳＡ的證書，編號「０００８」，是日本第八位防腐師。

「防腐處理的好壞，我想和經驗多寡成正比。我十六年來處理過兩千具遺體，確實覺得很有意義。但一大早進公司，晚上不知道幾點才能回家的上班制度讓我筋疲力竭，才會考慮辭職。正好就在這個時候，我先生提議『我們一起來開招待所』。」

另一方面，鄭先生則是與高橋女士結婚後來到日本。經常往返職業介紹所，好不容易才找到的工作是「社福公寓（經濟弱勢者入住的公寓）的照護員」，或者該說是工友。

「我在韓國有房子，所以不愁溫飽，但也不能遊手好閒是不是？可是在日本，一個外國人即使會說日語，到頭來也只有這樣的工作。我覺得那就是所謂的『窮人生意』。從政府給的生活津貼中扣除房租、餐費、照顧費等，環境是可供數十人居住的公寓。」

早上打掃兩個小時後，在規定的時間依序到「如活死人般臥床不起的老人們」的房間，幫他們換尿布、擦拭身體、換衣服。這是必須戴手套，壓抑情緒，默默地做才做得來的工作。時薪七百日圓，低於最低工資。雇主跟他說：「你如果考到執照薪水就會調高。」於是他去專門機構上課，考取了家庭照護員二級和重症患者等的照護員執照，然而時薪也只調到八百日圓。

兩人的朋友關係維持了很長一段時間，然而鄭先生的母親去世，高橋女士得知後打電話給他，這觸發了兩人關係的轉變。從某個角度來說，就是閃婚。鄭先生連高橋女士在「公司」負責怎樣的工作都不曉得。高橋女士早上七點上班，晚上很晚了還不回家。鄭先生說他抱頭苦思：「我來日本後到底都在做什麼？這段婚姻生活是怎麼回事！」

高橋女士之所以沒有告訴鄭先生她在公司的工作內容，據她表示，是因為她一直覺得「說了他也無法理解吧」，但不久她便告訴他詳情，並開始對他吐苦水。於是，鄭先生提議：「妳辭職吧。我們來做可以兩人一起做的工作。」後來便創立了ＩＧＳ。

在採訪過程中，接體車送來一位「客人」。兩人動作熟練地將擔架上的客人擦拭乾淨、更衣、收存進冷藏保管庫。保管庫的關門聲聽來格外響亮。

「說實話，他們和我當照護員所照顧的經濟弱勢老人家之間的差別，只在於有沒有呼吸。有呼吸的人，照顧時如果用力抓，他可能會出聲表示反抗，所以處理死人還比較輕鬆。」

對於講話直白而冷淡的鄭先生，我試探性地問了一句：「您認為人死了以後，就只是物體嗎？」

鄭先生大大地搖頭，回答道：

「不對。那是我們的客人。」

一旁的高橋女士反問我：「如果只是個物體，妳覺得我們會半夜專程跑去辦公室睡在遺體旁邊嗎？」兩人住的大廈位在離辦公室車程十五分鐘外的地方，但據說鄭先生幾乎晚上都睡在辦公室裡。

IGS一晚五千日圓，是首都圈的葬儀會館和火葬場安置室的半價再除以三。即便考慮到單人房和多人共用一室的差異，這價格仍然很便宜。

殯葬業還有其他新面孔。

除了二〇一〇年起綜合網購平台「亞馬遜」已開始販售棺木之外，比方說，在電腦上輸入「棺木 網購」進行搜尋，會找到將近十個網站。從便宜的不到兩萬日圓的棺木，如木製、表面包布、有上漆、有雕花的，到昂貴的超過二十萬日圓的棺木，會出現各種各樣棺木的照片。就我所見，都是針對個人買家的網站，點擊之後加入購物車，完成購買。如今，買棺木像買書和衣服一樣，輕輕鬆鬆就能買到。

我以為，棺木由禮儀公司提供是普遍的認知。靈堂、遺照、骨灰罐、接體車等，應該都含在禮儀公司的「基本組合」內，如果想選高級棺木，就支付額外費用更換。這種情況，以單品購買，據說行情價最便宜的要八萬日圓。記憶中，日本人間禮儀專門學校的學生曾說：「成本兩萬日圓左右的棺木可以賣到七、八萬日圓。入殮等的實際業務和殯葬工作人員支持家屬的用心，就是那之間的差額。」但網購的需求確實存在嗎？

我訪問了一位在首都圈經營「家送葬網購」的福田賢（四十八歲）。

「銷路很好。會在網路上搜尋棺木的人，通常就是不委託禮儀公司要親自送別逝者的人，他們最在乎的是交貨日期，其次才是價格。而能夠快速且以低廉的價格提供服務正是我們的強項。」

據他表示，「家送葬」是「在家送別喪葬用品」的簡稱，是二〇〇九年十月成立、網路販售棺木、骨灰罐、佛具的先鋒。至二〇一四年六月為止，實際售出兩千件以上，其中約九百多件是棺木，平均計算下來，一個月可售出十六具棺木。平日的傍晚前，透過網路、電話或傳真訂購，立刻包裝出貨，隔天早上宅配就會送達（沖繩、離島除外），這套機制在大多數需要兩、三天才交貨的網路商店中脫穎而出。

木製、表面包布、有雕花等，販售的棺木種類多樣，但聽說銷路最好的是膠合板材質、被稱為「桐平棺」的普通棺木，售價一萬八千日圓。相對於其他購物網站都註明需另外支付三千日圓運費，這裡則是免運費（沖繩、離島除外），因此，據我調查所知是最便宜的選擇。

「我們徹底節省開支。」

自己架網站，使用免費伺服器，以家裡局部空間當作辦公室，基本上確認收到匯款再出貨，或是貨到付款，減少退貨、不付款等「事故」發生。他向我透露這樣的內幕。

即使這樣還是很便宜。我忍不住問他：「這樣會有多少利潤呢？」福田先生爽快地回答：「利潤還不錯喔！」

「基本上，多數情況都是打電話進來，我們既不會去問對方購買的原因，也沒有能力分析。既使買了棺木，如果沒有廂型車，就需要接體車，而且要花時間和精力親自去公所和火葬場辦手續。一具棺木就有二十公斤，搬運也是體力活。禮儀公司的『直葬方案』之類的，包含這一類費用在內，差不多十萬日圓是吧？所以綜合來看，我認為價格上沒有差太多，但光是購買棺木的人，這一、兩年確實明顯增多。」

那一天我穿著UNIQLO的Polo衫，在聽他講述的過程中，忽然覺得「這也許就是UNIQLO版的棺木販售」。儘管和名牌商品有很大的差距，但在實用上已足夠，沒有更多的期待。假使在UNIQLO購物的客群和網購棺木的客群重疊的話，那麼其之所以受歡迎就是時勢所趨。

至今為止，送貨地點多數位在東京、千葉、愛知、三重和大阪，但他說目前已擴大到全國各地，從北海道到九州都有。他們以「可以全家一起送別的葬禮組合」名稱，對購買棺木的人販售全套骨灰罐（骨灰罐、骨灰盒、包巾）、全套壽衣（素色壽衣、草帽、草鞋、短刀）、全套枕飾（白木讀經台、花瓶、香爐、燭台、頌缽、白木牌位），售價一萬兩千八百日圓，聽說同時購買這套組合的人很多。

約兩小時的談話中，福田先生說了三次「我們只是零售業」。他說自己是從一個完全不同的行業進入這一行，如果是禮儀公司在網路上販售棺木，必然招來業界的反感。也許正因為他不是葬儀社出身，新的商業模式才得以誕生並取得成功。

我試著打電話去東京二十三區和大阪市內各個火葬場詢問：「我想自己運送棺木過去，可以接受個人預約嗎？」結果得到的回覆是，除了東京的戶田葬祭場（民營，板橋區）和大阪的津守祭祀場（民營，西成區）以外，十三處火葬場可以受理。並附帶注釋：「場內無法幫忙搬運，必須自行搬運至爐前」、「法律並無限制，所以只要是裝在棺木裡，就會受理」。

另外，這是題外話，我從東京農工大學榮譽教授龜山章先生（環境資源共生科學）那裡聽到：「高度經濟成長期之前，全日本都可看到冷杉植被，許多村莊也會種植冷杉。因為棺木的材質就是冷杉」。

現在棺木的主要材料是檜木、冷杉、桐木。高級品使用天然木材，但平價品都使用膠合板，不是把木紋印在紙上的木紋膠合板，就是表面一層薄薄的桐木貼皮的膠合板。

還出現一些變形產品，如在膠合板上貼布，或是打出「對環境友善」的標語，用瓦楞紙等的材料製作的「環保棺木」（東京都港區，WiLLiFE公司等），或是貼上值得紀念的照片，可以將留言印在棺木內側的「寫棺」（群馬縣沼田市，光工藝有限會社）。

何謂終極小型葬禮

我在這樣採訪殯葬業界的過程中，感覺今後可能會有愈來愈多的遺屬從傳統一般的葬禮轉向家族葬，甚而選擇直葬，自己準備棺木和骨灰罐這類火葬所需的最基本物品。因此，最後我想聽聽選擇終極「小型葬禮」的兩人怎麼說。

一位是京都嵯峨藝術大學的校長森本武（六十六歲，京都府向日市）。遠在家族葬、直葬等名詞出現之前的一九八四年，大阪一份地方刊物採訪了當時還是副教授的森本先生。森本先生那時主持了一個以「檢視包括人類的情感和生活用品在內的浪費」為宗旨的「節儉俱樂部」，他談到連母親的葬禮也遵照這樣的理念辦理。這次，當我重新問他此事時，他說：

「我還保留著葬儀社的收據。」

並回顧了三十年前的事。

「總支付金額兩萬六千八百日圓。明細含棺木和遺照放大費一萬兩千圓、乾冰費五千圓、接體車九千八百圓。」

一九八四年總務省統計局的物價指數與二〇一三年的比值是八七・一，換算之後約三萬零八百日圓。

森本先生的母親六十五歲時罹患甲狀腺癌，經過半年左右的抗癌生活後去世。他有請禮儀公司用接體車將母親從醫院送回家，所以不是現在定義的直葬。不過，除了運送車輛之外，所需要的只是棺木、遺照和乾冰。因此沒有枕飾、靈堂和供花。因為是在自己家，自然也不需要禮廳費用。而且「沒請僧侶」。

據說是由森本先生親自念誦母親生前信奉的宗派經典。該宗派是個重視祭拜祖先的宗派。

「我三歲時罹患脊椎結核，母親為了治好我的病而加入那個宗派。她相信我六歲時會奇蹟似地痊癒是因為念經的關係，而我在葬禮上念的就是那部經。我本人不僅不是信徒，而且認為所有宗教團體舉辦的宗教活動都極其可疑，我記得當時是懷著感謝母親六十五年來辛勞的心情念誦經文。我家裡信仰的是另一個宗派，但我從來沒想過要徒具形式地請一個和我日常沒往來的僧侶來誦經。」

父親和母親的手足也有來參加，但形式上的弔祭，無論之前或之後就只有那一次，過了一夜就用輕型廂型車將母親的遺體運往火葬場。當時盛行有雕花的「宮型」靈車，使用輕型廂型車運送的並不多見。

森本先生當時三十多歲。會採用這種堪稱「超級」簡約的方式送別，是因為他長期追求「消除無意義精神疲勞的『節儉』生活」。二十多歲接觸瑜伽後，他進行了三十天的「液體斷食」，那促使他對物質觀念的改變，認為「物質的擁有與否是偶然」。

「你想要擁有這個、擁有那個，就需要金錢來獲得那些東西。於是你為了賺到那些錢而努力工作，努力工作既會感到疲憊，也會消耗精力。然後又因為疲憊、消耗精力而想擁有可撫慰你的物品，於是又需要金錢。如果能避開那樣的惡性循環過生活，既省錢又可減少辛苦。」

一九九二年受訪時如此講述其個人理念的森本先生不好魚、肉，基本上素食，並以極力節省能源的方式烹調食物。既不用花電費、瓦斯費，也不需要烹調器具和擺放那些器具的空間，甚至不需花時間烹煮，他為我說明了他一部分的日常生活。簡單的送別也體現出他一貫主張的「節儉」。

「雖然一部分原因是我母親的遺願，她身體還健康時就常說：『我如果死了，趕快把我燒一燒就行了。』但那樣的送別方式是基於我的人生觀、宗教觀，以及我個人對死亡的理解。」

當我說：「能不能再簡單地解釋一下呢？」森本先生隨即用容易理解的方式說明。

「這是我對『死亡是什麼』這個根本性問題的思考。死亡就是心靈脫離肉體獲得自由，所以死亡後的肉體已完成其生物性角色。說得極端一點，我認為就是『廢棄物』。去尊重一個廢棄物也沒有意義，為什麼還需要葬禮呢？」

而另一方面，森本先生又說：「我相信靈魂不滅。」因此，死去的人會永遠活在人們心裡。

「這不是那種可以向別人推薦的事，但對我來說是一次非常滿意的送別。」

另一位是大阪府高石市的吹田翠（六十七歲）。二〇一三年十二月，她和兩位三十多歲的兒子，僅僅三人送別了因衰老而逝的母親（毯子，享壽九十四歲）。

「很不簡單對吧？大約三十年前，吹田繼父在東京和大阪各辦了一場盛大的葬禮，非常累人，所以我完全不想照一般習俗來處理母親的喪事。」

翠女士所稱的「吹田繼父」，是毯子女士的第二任丈夫。他是大阪大學的教授，同時也是原子能安全委員會的第一任委員長。即一般所謂的名流士紳。

「當母親的去世逐漸靠近，我就在考慮要辦私人的家族葬。住在洛杉磯的女兒問我『要回來參加葬禮嗎？』我告訴她：『不用回來。妳在那邊雙手合十祭拜一下，下次回國時再看葬禮的照片。』葬禮結束後我才通知母親的堂親表親和朋友們。那些親戚和朋友也都年紀很大，要有人陪同才能來，所以就不想麻煩他們。只要邀了其中一位，就會再邀其他人，愈邀愈多，所以決定全都不邀。」

我和去世的毯子女士有過幾面之緣。她生前曾接受拙作《大阪有趣的女社長》（一九九四年出版）和《起點在大阪》（二〇〇七年出版）的採訪。一九一九（大正八）年大阪市內誕生了日本第一家正式的汽車駕訓班——松筒自動車學校，一九五九年起，她從父親手中接手經營。在警界和同業之間引起轟動，被譽為「全國唯一、大阪知名女性管理者」。松筒自動車學校雖然在二〇〇〇年關門，但在關西地區廣為人知。

還記得當我向毬子女士詢問她的生命故事時，她笑瞇瞇地談到五十多歲的再婚：「原本只是一段類似沙特和西蒙波娃的關係，沒想到他跟我說：『希望妳能和我一起去園遊會。』所以就去辦了戶籍登記。」（園遊會指日本皇室每年春、秋兩季在赤坂御苑舉辦的花園派對。受邀嘉賓包括政要、名流、有功人士等。受邀者可攜配偶參加。）

毬子女士八十歲退休後，去參加合唱班、鋼琴班等，享受悠閒自在的晚年，但二〇〇七年腦中風昏倒住院。據說之後便住在家裡附近的安養院。

「她凌晨三點左右在醫院去世，我請接體車在我家四周繞一圈後，載到大阪市內的菩提寺（即家族代代皈依、埋葬祖先遺骨的寺院）。被鄰居們知道後讓人家有所顧慮也不太好，所以我沒想過把母親帶回家。」

據她說，他們家族連續三代都擔任淨土真宗寺院的檀家總代表（日本江戶時代為貫徹基督教禁令，開放讓佛教寺院來管理民間戶籍，以家族為單位，即為檀家制度）。「可是是像『報恩講（淨土真宗的傳統節日）？就請你們處理吧』這種不承擔任何實際任務的檀家總代表。」翠女士說。翠女士本身二十幾年前便離婚，和丈夫去世後的毬子女士一起生活。由於兄長

（毬子女士的長子）早逝，幾乎就是獨生女。母女倆感情很好。

「只有三人參加的葬禮」是由與檀那寺（檀家所屬寺院，平日布施、提供經濟上資助的寺院）簽約的禮儀公司承辦。

「當我跟負責的女性說想辦家族葬時，她立刻回應：『明白了。我們會盡力達成您的期望』。」

隔天下午四點以後火葬場「奇蹟似地空著」，所以就配合那時間來排行程，去世當天入殮、守靈，隔天舉行葬禮。

「儀式性的入殮等大概非我母親所好，我也不太懂。幫母親化妝的禮儀公司人員雖然引導我『幫她塗上口紅』，但我不想那麼做，就說：『請你們處理吧。』除了住持念經之外，說是葬禮，但就只是我和兒子們圍在母親身邊對她說說話。守靈也是，寺方人員跟我說他們會睡在那裡，所以我很早就離開。最後從火葬場回到寺院，（住持的）太太煮了一頓便飯，大夥兒就一起用餐，然後散會。」

翠女士說：「辦得簡單又乾脆。」接著又說：

「可是我告訴禮儀公司的人，我只對鮮花、音樂和車輛有些堅持。」

她讓我看葬禮的照片，我大為驚訝。有著以粗大木材組成井字型的格子天花板、正面安放著佛像的莊嚴大殿內，放著一口白木棺木，不僅棺木附近，大殿所有空間都是白胡蝶蘭、白色和淡粉色的香水百合、淡紫色和粉紅色的洋桔梗、滿天星……看上去宛如一座花園。整個大殿被眾多鮮花給包圍。

「母親以前常說『菊花陰氣重，不喜歡』，所以我避開菊花，希望打造成優雅、明亮又現代的風格。我請禮儀公司的承辦人『務必放入白蝴蝶蘭』，其餘就全看他的品味了，不過這是非常正確的決定。」

「音樂」方面，她帶了一台CD播放機去，除了念經以外的時間，一直播放毬子女士喜歡的鋼琴曲，如蕭邦的《夜曲》、貝多芬的《月光》等。「車輛」方面則因為以前工作的關係，純粹是個人觀點。據她說，毬子女士有一次在安養院的人開著輕型車來家裡接她時，嘀咕了一句：「我以前都是搭Crown的Royal Saloon。」因而「決定選擇豪華轎車作為靈車，在福特和TOYOTA之間猶豫不決」。後來優先考慮乘坐舒適性而選擇Crown。

我問她付了多少錢給禮儀公司，她說：「九十九萬零五百日圓。比我所想的要便宜。」那又付了多少錢給菩提寺呢？

「我總共給了他們三百萬日圓。」

這是相當大的金額。翠女士原本就沒有吝惜花費的想法，完全是基於與價格無關的考量而選擇辦一場只有三人參加的葬禮。

「我自己也覺得這是非常好的選擇。雖然是很小型的葬禮，但我一點也不覺得冷清，也沒有聽到親戚有什麼抱怨。我交代兒子們『我的葬禮也要像這樣擺滿鮮花喔』。」

翠女士在談話時自始至終帶著愉快的表情，最後忽然想起似地補上這麼一句：

「母親的守靈夜和葬禮當天應該都是很冷的天氣，可是與住持和葬禮承辦人在一起的時候，我好像沒有覺得很冷。」

與森本先生不同的是，翠女士並沒有堅定的宗教觀點。對家族所屬寺院也沒有特別的意見，希望保持一種寬鬆的關係，和多數的日本人一樣。

不是根據習俗或常規而來的社交禮儀，而是與逝者告別、極為私密的時間——。在葬禮形式正加速度地轉變中，或許是時候該重整那些「死亡周邊」專業工作者所累積的經驗了。

後記

二〇〇八年五月我手忙腳亂地送別了母親，緊接著同年九月又送走父親，這觸發了我想採訪殯葬業工作者的念頭。

當時，我住在大阪府內一間大型葬儀會館附近。從事殯葬工作的人們和屍體都是我的「鄰居」，但我幾乎沒有意識到這件事。然而，當我要送別父母時，突然發現（雖然這樣說很奇怪）他們離我那麼近。

母親的離世尤其突然。她是個非常有活力的人，卻說走就走了。我在沒有任何心理準備的情況下，第一次成了陪在「屍體」旁的當事人。病房裡母親的遺體是她還在世時的延續，但被移到太平間，隨著時間過去，雖然是我自己的母親，仍會感到有點詭異。於是我開始搜尋禮儀公司，當禮儀公司的人在深夜裡趕來時，頭上看似頂著光暈。

「三更半夜的，不好意思。」

「不會，完全沒問題。謝謝您找我們來。」

要說這是工作應該的，確實如此。不過，那一刻我感覺到屍體似乎不再那麼可怕。他們熟練地搬運屍體，為我們提供之後的諮詢，並按照我們家屬的意願安排家族葬，讓我感到很放心。

父親是住院一週後過世。有了母親那時的經驗，我以為自己已了解葬禮、火化的一連串流程，但痛苦並沒有因為這樣就減輕。這回我委託另一家禮儀公司舉辦一般葬禮，我發覺這家禮儀公司的工作人員在面對父親做動作之前必定先一鞠躬，眼神也很溫柔。不論母親或父親的葬禮，直接負責人都是三十出頭的年輕男性。我很佩服他們。和精明有點不太一樣，對於預算上的現實，他們也能設身處地為我考慮。

對我來說，火葬場是最難熬的地方。我不禁覺得，火葬場員工每天要面對雙眼紅腫的遺屬，應該也很辛苦。

我從來就不喜歡「儀式」。對於母親和父親的送別方式，我也不認為可以完全肯定那是好的，而我確實也有若干小小的遺憾，後悔沒有做些什麼。不過，我對當時幫助我送行的人們的感謝之情大過這一切。

我長年寫作，採訪過各種行業的人們，卻不曾採訪過殯葬業的人。我突然開始在意起他們。

票房大獲成功的電影《送行者》，首映在我送別父親之後不久。而我是直到隔年的二〇〇九年才看這部電影。印象最深刻的是，主角的妻子不客氣地對成為納棺師的主角說：「別用你做完那種工作的手來碰我！」以及主角因為嚴重腐敗的屍體劇烈嘔吐的畫面。後來妻子也能為主角的工作感到自豪，但我在想，「忌避」是什麼意思？另外，人死後隨著時間過去，真的會釋放出那麼難聞的氣味？我相當訝異。

那之後，從《不需要葬禮》（島田裕巳著，幻冬舍）開始，質疑葬禮費用太貴、禮儀公司貪得無厭之類的論調愈來愈引人注目。另一方面，殯葬相關人士也相繼出版《葬禮是必要的！》（一條真也著，雙葉社）、《爸爸，請別說「不需要葬禮」》（橋爪謙一郎著，小學館）等書。一來一往，雙方的主張都有我覺得有道理和過於誇大的部分。有討論肯定是比不討論要好。

不過，我覺得應該先暫緩一下。在討論之前，我們對於從事殯葬工作的人們抱著什麼想法、做著怎樣的工作，是不是了解太少了呢？

二〇一一年，採訪大阪前紅燈區飛田新地居民的《最後的花街．飛田》出版後，我有機會在大阪演講。碰巧，當時來聽演講的人寫了一封這樣的信給我。

「下次也請您繼續照亮那些不會出現在大眾媒體上的人們。我在禮儀公司工作，我們業界也有一群努力工作而不為人知的優秀之人，如：我們稱為『上帝之手』的遺體修復師、獻茶婦（即在葬禮上幫忙的女性工作人員）等。」

寫這封信的人，就是在第二章出場的堀井久利先生。堀井先生的這封信從背後推了我一把。

本書從二〇一二年六月開始採訪，中間斷斷續續，持續到二〇一四年的九月。

當初的我是多麼無知，現在想來深感羞愧。我以為守靈和告別式是葬儀社的人的工作，還想像遺體的清拭、湯灌、入殮都是三兩下就能完成。

不過，當我展開採訪後，很快就明白實際並非如此。如果守靈和告別式是個公開表演場，那麼其前置階段等的後台準備工作遠比前台要辛苦，需要更多時間。他們時時背負著與遺體同處一個空間的重擔。不但如此，當我了解到也有不少所謂孤獨死的人、行旅死亡人、意外死亡的人等的案例時，更加深了我認為這不是一份僅僅為了報酬就能夠從事的工作。同時我也了解到清拭、湯灌、入殮需要相當的技術。

當心臟停止跳動，客觀來說，人體就變成一件「物體」，但遺屬在情感上還無法接受。我感覺禮儀公司的人在工作中是懷著和遺屬相同或更甚於遺屬的這兩種心情。他們無論任何時候都說「遺體」，不說「屍體」。但另一方面，比如在葬儀會館的辦公室裡，行政工作照常進行，片刻閒暇時吃吃便當，和同事聊著「得再去換一次（覆在遺體上的）乾冰」、「你今天早上有看連續劇嗎？」之類的話題，卻也不會感覺奇怪。

對他們來說，「生」和「死」彼此相連。我漸漸感覺他們根據經驗所講述的話語，充滿了關於如何生、如何死、如何送別的建議。不期然地從遺體修復師和防腐師那裡聽到他們對於自殺的人都提到「如果讓他們來參觀我們的工作現場，相信他們就會打消念頭」，也讓我深有同感。最極致的是火葬場的員工們。不約而同認為將遺體「完全燒化」是自己使命的他們，負責的工作可謂壯烈。「只要我們用心火化，就能好好送走每個人」——這樣的氣魄讓我深受震撼。

本書未提到的靈車駕駛，我在採訪他時聽到「不讓杯裡的水灑出來」這樣的話。據他說，即使車上放了幾乎裝滿水的杯子，他也會努力做到平穩駕駛，盡量不讓杯裡的水灑出來。

我坐過他駕駛的靈車後，大吃一驚。一點也感覺不出加速和減速，非常平穩。連何時從左車道換到右車道，身體都完全沒感覺。紅燈時，感覺不出他什麼時候踩下剎車，但卻能絲毫不差地停在停止線前。原來如此，這樣的話，杯裡的水確實不會灑出來。

「坐過的人應該都很驚訝吧？」

「不，遺屬不必注意這些。這是我放在內心的承諾。」

平靜的敘述中透露著自豪感。

也許因為我是關西人，採訪中，我腦中一直記著這行業在過去長期被視為受歧視部落居民的工作。不過，採訪完成的現在，我覺得已過了再提及那層面議題的時候。火葬場員工龜山徹先生說「帶著有色眼光的人才可憐」。這句話代表了一切。

大眾小說家長谷川幸延（一九〇四～七七年）在一九四一年的著作《冠婚喪祭》中，描寫了大正初期宣稱「送葬隊伍無用」而率先引進靈車的葬儀社。引進之初招來社會大眾反感，但漸漸為人們接受，公司因而蓬勃發展。不過，這家葬儀社的社長兒子早逝，社長是以傳統的送葬隊伍為兒子送行，而非靈車。就是這樣的一個故事。我覺得書中描寫的靈車漸漸為人們接受的情形，與近來小型葬禮增多的情形雷同。任何社會總是有一些具遠見之人，創造出一些新的形態和商品。而且，每當發生一些事情，總會回到原點反思，確認精神層面。在反覆前進和後退之間，逐漸達成轉變。

反過來看，未來的葬禮會變成什麼樣子呢？我沒有能力去猜想，但我忍不住想嚴肅而恭敬地接納現今這些送葬工作者們的想法和感受。

本書的出版除了要感謝書中提到的受訪者們，還要感謝廣江輝夫先生、北村隆幸先生、金子直裕先生、中原優子女士、村川英信先生、塚本優先生、山室正美女士、奧村明雄先生的協助。同時也向在採訪和執筆期間給予我準確建議的新潮社土屋真哉先生表達感謝之意。

二〇一五年三月

井上理津子

原作文庫版後記

單行本出版已將近三年。這段期間，我收到許多讀者來信。最多的是來自那些曾經失去與自己關係親密之人（如家人）的人，而我有機會見到其中一人。是一位三十出頭歲數，從事專業工作，並已累積一些資歷的女性。

她告訴我：「『十年的空白』正一點一點地消融。」

她說自己在十年前失去了妹妹。妹妹罹患不治之症，短暫地與疾病對抗後，告別人世。她說因為「父母和我都太難過了」，導致妹妹去世前後的記憶整個消失。同時，她開始將所有關於妹妹的事都藏在心裡。她住在父母家，據說父母也是同樣的情況，從此「家裡再也沒有人談論妹妹」，她說，接著換一個說法：「不對，是無法再去談論，把她封存起來了。」期間長達十年之久。

「可是，讀了《做死人生意這一行》後我心想，為妹妹送行的也是這樣一群人嗎？

太好了。並開始覺得妹妹是帶著幸福的心情上路的。」

她希望父母也能讀這本書，不著痕跡地把書放在客廳。「我想我父母應該都讀了」，雖然不曾聊過這本書，但某個週日下午，三人吃著摩洛索夫的乳酪蛋糕時，母親突然冒出一句：「○○（妹妹）以前也很愛這款乳酪蛋糕呢。」從那次之後，「妹妹慢慢地回到了」她和父母的日常對話中。

書一旦問世便脫離作者的掌控，獨自前進。作者不會知道讀者如何解讀書裡的哪個部分，正因為無法得知，所以收到這樣的感想時，會感到無可替代的喜悅。

恕我自不量力，我有多次機會進行演講，並曾在禮儀公司工作人員的聚會上登台發表過。不用說，全日本有很多人從事殯葬服務工作。我採訪並寫進本書裡的只是其中極小一部分。是不是也有見樹不見林的地方呢？可能會受到若干批評。我懷著「戰戰兢兢」的心情，以訪談時內心的波動為主軸，分享了書裡所寫的一部分內容及其「隱含的意義」。並談到禮儀公司的人輕描淡寫地對我講述「揹著身穿睡衣的往生者爬上用擔架無法搬運、斜度很陡的樓梯。往生者是個瘦小的阿嬤，還溫溫的」，令我非常感動。

到了交流時間，有個人走近我，對我這麼說：

「關於您剛才提到的，其實我也揹過好幾次往生者。不，不只是我，我想同業中，大家或多或少都揹過。」

是一位七十多歲的男性。

「我剛做葬儀社時，這種時候常會心想，啊，這人直到剛才都還有體溫耶。而一旦說出口，就會被前輩罵：『想這種無聊事，小心會滑下去！專心一點！』。」

「溫溫的還算好，冬天寒冷的日子裡，揹著冰冷的往生者那才吃力。」

「要使勁把力量集中在腰部，盡量讓往生者緊緊貼附在自己身上，就能順利進行。這是和背上的往生者的共同合作。」

……等等。其他人也紛紛開始說起來了？

我不禁讚嘆，各位果然不簡單。每個人都有自己值得講述的經驗。我所採訪的對象並非特別的少數。

「如果一直無法擺脫那種感覺，會阻礙後續的工作不是嗎？所以即使同事之間也不太會聊這種事。」事後那場集會的幹事這麼告訴我。

在為本書的採訪四處奔波時，我感覺像是被某種東西驅使著。人死後會變成什麼樣？又會被如何對待？現在想來，我的內心深處也有著這樣的疑問和不安。明明我的目的不是要聽溫馨故事，但卻在這些工作話題的細微之處感受到莫大的憐憫之心，並忽然想起，多虧了這些人，大家才能不那麼恐懼地走向死亡，心情也變得輕鬆許多。

這三年來，業界有發生什麼變化嗎？當我這麼問殯葬業刊物《殯葬商業月刊》編輯部部長吉岡真一先生時，他舉了三件事。

・家族葬等小型葬禮已擴及非都會地區。
・隨著在家死亡的情況增多，在家舉行葬禮正微幅增加中。
・出現「一站式服務」的趨勢，將「葬禮後的附加價值」納入營業項目，例如：介紹辦理繼承事宜的專業執業人士、仲介墓地和佛龕等。

在家舉行葬禮和家族葬的增多，使得經營變得更加嚴峻。「因此，對於任何形式的葬禮都『需要』的業務，如：入殮、送別等，相關人士會帶著更高的榮譽感去面對。」吉岡先生如此斷言。此外，「由於單價不斷下降」，目前正致力於成為葬禮以外項目的窗口，以確保收益。

正如本書所寫的，本鄉金子商店（東京都文京區）的高橋朋弘先生是位想法思維與「利潤第一」完全相左的人，但他說：「我們公司今年（二〇一七年）開始向所有客人收取一筆企劃營運費，一律四萬三千兩百日圓。」據說是因為葬禮規模明顯逐漸縮小，比如只有五、六位家人參加的葬禮，「現在不需要準備回禮，也沒有手續費了，公司收這筆錢才能勉強經營下去。」他也對客人如此說明。該公司與當地社區關係緊密，回頭客多，多數客人都很了解他們的做事方式。「很慶幸的是，大家都馬上說『我明白』，表示同意。」

如今很多人會上網搜尋收費低廉的禮儀公司，但網路即使成為入口，基本上比價仍舊沒有意義，不是嗎？我在本鄉金子商店的網頁一角發現一段三年前所沒有的文字：「我們有著身為殯葬業者的驕傲，及不把生意純粹當商業行為看待的人情味」。我不禁覺得，應該有許多懷著同樣心思，但不善於化為言語的葬儀社吧。

遺體防腐處理又如何呢？

根據ＩＦＳＡ（一般社團法人日本遺體衛生保全協會）事務局長加藤裕二先生表示，二〇一四年約有兩萬一千具（約占死亡人數的一．六％）屍體進行防腐處理，二〇一六年增加到約三萬七千具（約占死亡人數的二．八%），二〇一七年超過四萬具。擁有防腐師執照的人數則從一百五十七人突然增加到一百九十五人，實際執業人數也從一百人驟增為一百五十九人，並增加四家業者。

我在進行本書的採訪時，曾聽將遺體防腐技術引進日本的主要人物之一的竹內惠司先生說：「當接受防腐處理的人數超過死亡人數的五%時，大眾的認知會迅速提高。」看來那一天不遠了。

防腐師真保健兒先生則表示，自己處理的案子中，有兩件遺屬將火化日期大幅延後的案例。一件是四十二天，另一件是五十天。

延後四十二天的是一位失去八十九歲母親的女性上班族，五十多歲的她本來與母親兩人相依為命。那位女士長期獨自照顧母親，並在家為她送終。她表明「不辦葬禮。只想做防腐處理」的意向，委託真保先生辦理。

「她說她照顧得很累，不想在這種狀態下送別。還告訴我，再過幾天就是母親九十歲生日，『想趁她還在時為她慶祝』，過完生日再送她上路。」（真保先生）

那位女士讓做過防腐處理的母親在家躺了四十二天，讓她「顧家」，自己去上班。

下班回到家再「兩人」一起度過。即使在旁人看來覺得很奇怪，但對她來說，她需要那些日子來整理心情，才能送別長久以來一起生活的母親。

選擇五十天後送別的是一位六十多歲女性。這是IFSA規定的極限。死去的丈夫是經營一家綜合醫院和多家長照設施的法人代表。

「想必很受人愛戴吧。被安置在自己建立的長照設施的一個房間裡五十天，聽說幾乎每天都接連有員工和相關人士來跟他告別。」

本書中提到，一九八九年竹內先生在美國曾見過葬禮中，防腐處理過後、穿著西裝坐在有靠背的椅子上的逝者與弔唁者握手告別。而這位「五十天」的逝者據說是躺在棺木裡，但告別的過程沒有急迫或匆忙，依弔唁者方便的角度來看，應該也很接近「坐在椅子上告別」，不是嗎？

我在如火如荼地撰寫本書期間，一位兩年前因採訪結識，後來成為好朋友的人過世。他是位領取政府生活補助，住簡易旅館，與家人斷絕聯繫三十年的七十歲男性。清晨在醫院過世後，遺體由指定業者（葬儀社）載到火葬場。是用國家規定的喪葬補助金來支付的「直葬」。

負責的社工說：

「通常，我們如果知道遺屬的電話號碼就會打電話過去，可是這位，我們沒有家屬電話，所以是從戶籍等去追查，查出兒子的地址後，寄了一份文件通知死訊。」

他過世的那天下午，我去了火葬場的「探視室」，那是冷藏庫排滿整面牆的空間。火葬場員工在我預約的時間從冷藏庫推出棺木，安放在房間正中央。

再次重申，他是領取政府生活補助的人，等於沒有親人一樣。通常被認為不會有像我這樣的人來探視他，也不期待死後會受到細心對待。但沒想到，棺木中的男人相當好看。我一週前去探望他時，瘦得皮包骨，讓人看了心痛，嘴巴上下長滿鬍鬚，現在看來判若兩人。鬍子剃光了，皮膚乾乾淨淨，眼睛和嘴巴微張，但臉頰豐腴，還戴著假牙。

「我們有時也會稍微修容一下，不過今天早上去接他時，護理師已經幫他整理得乾乾淨淨了。」

聽到葬儀社的人這麼說，我眼眶一熱。

男人不是一個有宗教信仰的人，我也不是。然而，當火化的日子確定後，我總覺得心神不寧。可能會只有我一個人在火葬場送他，於是我開始想請僧侶來幫忙，詢問了兩位平日往來密切的僧侶。

兩人那個時間都有約，無法來火葬場，但一個說「當天會面向禮廳的方位誦經」，另一個說：「日後那人的房間要被收掉時，希望能讓我去念經。」兩人更一致表示「承蒙惠賜良緣」。

我腦海中掠過本書第三章介紹的那位新潟的納棺師、湯灌師，同時也是我的朋友虎石薰。原本就是出家人的她去年從禮儀公司離職後，以出家人的身分展開新的學習和活動。我想到一個好主意。我想請她在火化開始前，在新潟念經，然後用手機的ＬＩＮＥ即時轉播，當我這麼告訴她，她立刻答應。不料，虎石小姐隔沒幾天就來電，說：「我可以過去一趟嗎？」還說：「雖然要花兩萬日圓的交通費，但我想平常接受布施，就是為了在這樣的日子派上用場。」

之後，我將我所知道這男人的一生大概都告訴了虎石小姐，迎接火葬日的到來。社工後來聯絡到男人的兩個兒子和哥哥、嫂嫂，對我來說，他們的遠道而來是最令我感到欣慰的失算，此外，男人晚年末期有往來的兩人也趕到，最後是七人一起送別。

火化爐的門關上。

虎石小姐屬於真宗大谷派。她念誦了「佛說阿彌陀經」。

「兩千五百年前，釋迦牟尼佛曾說過這麼一段話。我大膽將它精簡之後，內容就是：『任何人，包括那些被身體所產生的邪念、欲望、執念等所迷惑的人，都能透過念佛得到救渡。因為有極樂世界，沒關係』。」

我在為男人亡靈祈禱的同時，也在心裡向在火化爐後方為「完全燒化」竭盡全力的員工低頭行禮說：「有勞了，請多多關照。」

在等待火化完成的約五十分鐘期間，我和男人的兩個兒子稍微聊了一下，懷想男人跌宕起伏的一生。值此文庫版出版之際，再次重讀本書時，我忽然想起當時覺得很妙：

「大家也許說的都是同樣的意思。」

「當你面臨死亡，就會相信，最終所有人都是平等的。」（葬儀社員工堀井久利先生）

「錢愈少的人，反而愈想盡力做點什麼。」（前文中出現的高橋先生）

「不論是富人、窮人、有名聲的人、沒有名聲的人，所有人平等。」（火葬場場長龜山徹先生）

這樣的話語像梅雨一樣在我腦中不斷重複。

撿骨結束。

「多虧了各位，我們才能順暢無礙地完成。」

火葬場的人低聲淡淡地說，將骨灰罐放進木箱，緩緩用白布包裹起來。這項作業只用到拇指和食指，其他手指都伸直，像變魔術一樣。包好後，用布的四個角做成一個大大的蓮花花瓣。完成之後，我又摸了一下有點彎曲的部位，輕輕拉直，讓花瓣看起來更漂亮。

二〇一七年十二月

井上理津子

主要參考文獻

《葬儀概論》碑文谷創（表現文化社，二〇一一年）
《母親給我的禮物》竹內惠司（湘風舍，二〇一二年）
《日本的葬禮》井之口章次（筑摩叢書，一九七七年）
《「葬禮」的日本史》新谷尚紀監修（青春出版社，二〇〇三年）
《喪祭的日本史》高橋繁行（講談社現代新書，二〇〇四年）
《葬儀與墳墓的現在》國立歷史民俗博物館編（吉川弘文館，二〇〇二年）
《送葬習俗事典》柳田國男（河出書房新社，二〇一四年）
《生活佛教的民俗誌》佐佐木宏幹（春秋社，二〇一二年）
《新修　部落問題事典》秋定嘉和他監修（解放出版社，一九九九年）
《納棺夫日記》青木新門（文春文庫，一九九六年）
《黑地之繪》松本清張（新潮文庫，二〇〇三年）
《IFSA的二十年》紀念誌發行委員會編（一般社團法人日本遺體衛生保全協會，二〇一四年）
《火葬概論》島崎昭（特定非營利活動法人日本環境齋苑協會，二〇一〇年）
《火葬的文化》鯖田豐之（新潮選書，一九九〇年）

《火葬場》淺香勝輔、八木澤壯一（大明堂，一九八三年）
《株式會社戸田葬祭場七十年史》戸田葬祭場七十年史編纂委員會
《生活在民間的宗教人士》高埜利彥（吉川弘文館，二〇〇〇年）
《被差別民們的大阪　近世前期篇》Nobi Syoji（解放出版社，二〇〇七年）
《骨灰的去向》橫田睦（平凡社新書，二〇〇〇年）
《東亞地區火葬研究》嵯峨英德（京成社，二〇一一年）
《井下清與東京的公園》（東京都公園協會，二〇一四年）
《釋迦內柩唄》水上勉（新日本出版社，二〇〇七年）
《辛苦的節約》森本武（ＪＤＣ，一九九九年）
《送葬文化》第十四、十五期（日本送葬文化學會）
《ＳＯＧＩ》第九十一期（表現文化社）
《火葬研究》第九期（火葬研究協會）

做死人生意這一行：

走進喪葬職人的世界，近距離感受生死的意義

2025 年 9 月 1 日初版第一刷發行
2025 年 11 月 1 日初版第二刷發行

作　　者　井上理津子
譯　　者　鍾嘉惠
特約編輯　曾羽辰
封面設計　水青子
美術編輯　林佩儀
發 行 人　若森稔雄
發 行 所　台灣東販股份有限公司
＜地址＞台北市南京東路 4 段 130 號 2F-1
＜電話＞（02）2577-8878
＜傳真＞（02）2577-8896
＜網址＞ https://www.tohan.com.tw
郵撥帳號　1405049-4
法律顧問　蕭雄淋律師
總 經 銷　聯合發行股份有限公司
＜電話＞（02）2917-8022

購買本書者，如遇缺頁或裝訂錯誤，
請寄回更換（海外地區除外）。
Printed in Taiwan

國家圖書館出版品預行編目(CIP)資料

做死人生意這一行：走進喪葬職人的世界，近距離感受生死的意義 / 井上理津子著；鍾嘉惠譯. -- 初版. -- 臺北市：臺灣東販股份有限公司, 2025.09
300面；14.7×21公分
ISBN 978-626-437-092-9(平裝)

1.CST: 殯葬業

489.66　　114010112